农民工安全生产培训丛书

农民工意外伤害与急救常识

张力娜　等编

丛书组写组：张力娜　闫长洪　陈国恩
张　平　林　文　赵霁春
袁东旭　袁　晖　曹　军
舒江华　张金保

中国劳动社会保障出版社

图书在版编目(CIP)数据

农民工意外伤害与急救常识/张力娜等编. —北京：中国劳动社会保障出版社，2011
(农民工安全生产培训丛书)
ISBN 978-7-5045-9012-1

Ⅰ.①农…　Ⅱ.①张…　Ⅲ.①灾害防治-基本知识-②自救互救-基本知识　Ⅳ.①X4②R459.7

中国版本图书馆 CIP 数据核字(2011)第 068855 号

中国劳动社会保障出版社出版发行
(北京市惠新东街1号　邮政编码：100029)
出版人：张梦欣
*
北京金明盛印刷有限公司印刷装订　新华书店经销
787 毫米×1092 毫米　32 开本　6.875 印张　141 千字
2011 年 5 月第 1 版　2014 年 10 月第 5 次印刷
定价：19.00 元

读者服务部电话：010-64929211/64921644/84643933
发行部电话：010-64961894
出版社网址：http://www.class.com.cn

版权专有　侵权必究
举报电话：010-64954652

如有印装差错，请与本社联系调换：010-80497374

内 容 提 要

在现代化工业生产过程中，由于机械（包括起重机械）设备、电力设备以及其他设备的大量使用，不可避免地存在各种危险，存在发生人身伤害事故的可能。安全生产培训的一个重要内容就是要认识所存在的危险，以便积极预防危险、预防事故。本书针对农民工的就业特点，对建筑施工、煤矿生产、金属非金属矿山生产、冶金企业生产、化工企业生产、烟花爆竹企业生产、机械制造企业生产存在的危险性，常见多发意外伤害事故，进行了详细的讲解。同时，还针对近年来火灾频繁发生的情况，介绍了火灾危险与急救知识。通过这些知识的学习，不仅能够提高从业人员自身素质和技术水平，还能够提高预防事故的能力，从而保证安全，避免悲剧的发生。

前　言

目前，全国进城务工和在工矿商贸等企业就业的农民工总数超过2亿人，其中进城务工人员为1.2亿人左右。农民工为我国农村发展、城市繁荣和现代化建设作出了重要贡献，已经成为产业工人的重要组成部分。但是由于多种原因，目前农民工整体文化素质还比较低，安全意识还不够强，缺乏必要的安全知识和自我防范能力，给安全生产带来很大压力。据统计，近几年发生的生产安全伤亡事故，90％以上是由于人的不安全行为造成的，80％以上发生在农民工比较集中的小企业；每年职业伤害、职业病新发病例和死亡人员中，半数以上是农民工。因此，加强农民工安全生产培训，已经成为保护农民工根本利益，促进安全生产形势稳定好转的一项紧迫任务。

在对农民工的安全生产培训上，企业是安全生产培训的责任主体。企业需要加强对职工特别是农民工安全生产培训的组织管理，按照《安全生产法》以及《生产经营单位安全生产培训规定》（安全监管总局令第3号）等有关法律法规和规章，建立健全安全生产培训制度，把农民工安全生产培训工作纳入企业年度工作计划，积极组织或选送农民工参加有关培训，并保证本企业安全生产培训所需资金。对农民工安全生产培训的主要内容包括：安全生产法律法规；安全生产基本常识；安全生产操作规程；从业人员安全生产的权利和义务；事故案例分析；工作环境及危险因素分析；危险源和隐患辨识；个人防险、避灾、自救方法；事故现场紧急疏散和应急处置；安全设施和个人劳动防护用品的使用与维护；职业病防治等。

这套“农民工安全生产培训丛书”，针对农民工的特点和培训要求，在编写内容上力求切合实际，叙述上做到深入浅出，语言上通俗易懂，以安全生产常识培训教育为主，既可用于企业和培训机构进行培训与教学，也便于农民工理解和自学。

我们衷心祝愿广大的农民工兄弟，通过本套丛书的学习培训，进一步提高自身安全素质，在生产劳动中努力做到“不伤害自己，不伤害他人，不被他人所伤害”。同时也希望工矿商贸等各类企业，严格按照有关法律法规的规定，认真落实安全生产、安全培训的主体责任，保障安全生产，有效防范各类事故，促进企业的不断发展壮大。

“农民工安全生产培训丛书”编委会

2011年1月

目　录

第一章　建筑施工的意外伤害与救治

建筑施工（包括市政施工）属于事故发生率较高的行业，每年的事故死亡人数仅次于煤炭与交通行业。目前农民工已经成为建筑施工的主力军，因此也是各类意外伤害事故的主要受害群体。根据事故统计，建筑施工伤亡人员中农民工约占60%，并且呈现不断上升的趋势，这给许多农民工家庭带来了难以弥补的伤痛和损失。

第一节　建筑施工的特点与事故类别

一、建筑施工的特点

建筑业是国民经济支柱产业之一。建筑业所生产的大批建筑产品为我国国民经济的发展奠定了重要的物质基础，同时也带动了相关产业的蓬勃发展，成为经济繁荣的支撑点。然而，建筑业又是一个危险性高、易发生事故的行业，是安全生产专项治理的重点行业之一。建筑业之所以成为高危行业，主要与建筑施工的特点有关。

建筑施工有以下几个特点：

1. 建筑产品的多样性

由于各种建筑物或构筑物都有其特定的使用功能，因此建筑产品的种类繁多。不同的建筑物建造不仅需要制订一套适应于生产对象的工艺方案，而且还需要针对工程特点编制切实可行并行之有效的施工安全技术措施，才能确保建筑施工顺利进行和安全生产。

2. 建筑施工的流动性

建筑产品都必须固定在一定的地点进行建造，而建筑施工却具有流动性，主要表现在三个方面：一是各工种的工人在某建筑物的部位上进行流动；二是施工人员在一个工地范围内的各栋建筑物上进行流动；三是建筑施工队伍在不同地区、不同工地进行流动。这些都会给安全生产带来许多可变因素，稍有不慎就会导致伤亡事故的发生。

3. 建筑施工的综合性

建筑物的建造是多工种在不同空间、不同时间劳动并相互配合协调的过程，同一时间的垂直交叉作业不可避免，如果隔离防护措施不当，就会造成伤亡事故，各工种间的交叉作业如果安排不当，也可能导致伤亡事故的发生。

4. 作业条件的多变性

建筑施工大多是露天作业，日晒雨淋、严寒酷暑以及大风天气影响等形成的恶劣环境，不仅影响施工人员的健康，而且容易诱发安全事故。此外，建筑施工高处作业多，据统计，建筑施工中的高处作业约占总工程量的90%左右，而且高处作业的等级越来越高，有不少高度超过100 m的高处作业。高处作业除了不安全因素多以外，还会影响人们的生理和心理因素，建筑施工伤亡事故中，近60%与高处作业有关。另外，还有不少作业在未完成安装的结构上或搭设的临时设施（如脚手架等）上进行，使得高处作业的危险程度严重加剧。

5. 操作人员劳动强度的繁重性

建筑施工中不少工种仍以手工操作为主，加上组织管理不善，无限制地加班加点，使工人在高强度劳动和超长时间作业中，体力消耗过大，造成过度疲劳，从而导致注意力不集中，或作业中的力不从心等易造成事故的发生。

6. 施工现场设施的临时性

随着社会的不断发展，建筑物体量和高度不断增加，工程的施工周期也随之延长，1 年以上工期的工程比比皆是。为了保证工程建造正常和顺利地进行，施工中必须使用各种临时设施，如临时建筑、临时供电系统以及现场安全防护设施，这些临时设施经过长时间的风吹、日晒、雨淋、冰冻和各种人为因素的作用，其安全可靠性往往明显降低，特别是由于这些设施的临时性，容易导致施工管理人员忽视设施的质量，因而安全隐患和防护漏洞时有出现。

二、建筑施工中常见的伤亡事故类别

建筑施工中常见的伤亡事故类别是：物体打击、车辆伤害、机具伤害、起重伤害、触电、高处坠落、坍塌、中毒和窒息、火灾和爆炸以及其他伤害。根据历年来伤亡事故统计分类，建筑施工中最主要、最常见、死亡人数最多的事故有五类，即：高处坠落、触电、物体打击、机械伤害、坍塌事故。这五类事故占事故总数的 86%左右，被人们称为建筑施工五大类伤亡事故。

建筑施工伤亡事故常见的形式有以下 33 种，见表 1—1。

表 1—1　　建筑施工伤亡事故常见的形式

事故类别	序号	常见形式
高处坠落	1	从脚手架上坠落
	2	从垂直运输设施上坠落
	3	从预留洞口、楼梯口、电梯井口、通道口坠落
	4	从安装中的结构上坠落
	5	从楼面、屋顶、高台等临边坠落
	6	从机械设备上坠落
	7	其他：滑跌、踩空、拖带、碰撞等引起坠落
触电	8	带电电线、电缆破口、断头
	9	电动设备漏电
	10	起重机部件等触碰高压电线
	11	挖掘机损坏地下电缆
	12	移动电线、机具，电线拉断、破皮
	13	电闸箱、控制箱漏电或误触碰
	14	强力自然因素导致电线断裂
	15	雷击
物体打击	16	空中落物、崩块和滚动物体的砸伤
	17	硬物、反弹物碰伤、撞击
	18	器具飞击
	19	碎屑、破片飞溅
机械伤害	20	机械转动部分的绞、碾和拖带
	21	机械工作部分的钻、刨、削、锯、砸、轧、撞、挤等
	22	滑入或误入机械容器和运转部分
	23	机械部件飞出
	24	机械失稳、倾覆
	25	其他：机况不良，违章操作，机械安全保护措施欠缺

续表

事故类别	序号	常见形式
坍塌	26	基槽或基坑壁、边坡、硐室等土石方坍塌
	27	地基基础悬空、失稳、滑移等导致上部结构坍塌
	28	施工质量极度低劣从而造成建筑物倒塌
	29	施工失稳倒塌
	30	脚手架、井架等设施倒塌
	31	施工用临时建筑物倒塌
	32	堆置物坍塌
	33	大风等强力自然因素等造成倒塌

三、造成建筑施工伤亡事故的主要原因

造成建筑施工伤亡事故的原因主要有事故的外部原因、内部原因、客观原因三个方面。

1. 外部原因

从事故的外部原因分析得知，目前我国建筑市场尚不规范，有些业主片面地压工期、压价，拖欠工程款，给施工企业增加负担，从而造成施工企业在安全生产上的投入资金严重不足；有些工程长官意志严重，部分首长工程、政府工程、献礼工程不按科学合理的工期施工，违背规律，随意确定竣工日期，使施工企业的安全管理无法按照规章进行；有的业主随意肢解工程，总包单位擅自对工程进行综合管理，导致施工现场杂乱无章。

2. 内部原因

从事故的内部原因分析得知，一些施工企业在当前市场经济条件下，片面追求经济效益，减少安全设施上的必要投入；有的企业以包代管现象严重，一包了之，缺乏必

要的管理；有的企业在改革改制中，削弱安全管理机构，减少安全管理人员，造成企业的安全生产管理力量不足，力度不够；有的企业不重视安全培训教育，对所聘用的人员缺乏最基本的安全教育，违章指挥、违章操作、违反劳动纪律的现象普遍存在。由此种种原因，造成建筑伤亡事故时有发生，给国家和人民的生命财产造成损失，同时又影响了社会稳定、家庭幸福，影响了建筑业的社会形象。

3. 客观原因

除此之外，建筑施工伤亡事故多，还有其客观原因，这些客观原因主要是：

（1）高处作业多。按照国家标准《高处作业分级》的规定划分，建筑施工中有 90％以上是高处作业。

（2）露天作业多。一栋建筑物的露天作业约占整个工作量的 70％，它受到春、夏、秋、冬四季不同气候以及阳光、风、雨、冰雪、雷电等自然条件的影响和危害。

（3）手工劳动及繁重体力劳动多。建筑业大多数工种至今仍是手工操作，由于手工操作容易使人疲劳、注意力分散、误操作多，所以容易导致事故的发生。

（4）立体交叉作业多。建筑产品结构复杂、工期较紧，必须多单位、多工种互相配合、立体交叉施工。如果管理不好、衔接不当、防护不严，就有可能造成互相伤害。

（5）临时员工多。目前，在工地第一线作业的工人中，农民工约占 50％～70％，有的工地甚至高达 95％。

外部原因、内部原因以及客观原因，决定了建筑工程的施工是一个危险性大、突发性强、容易发生伤亡事故的生产过程，因此，必须加强施工过程的安全管理，并严格按照安全技术措施的要求进行作业。

第二节　建筑施工的主要意外伤害事故类型

一、高处坠落的意外伤害

由于建筑施工经常需要在高处作业，稍有不慎就会引起高处坠落事故的发生，所以，高处坠落伤害是建筑业最常见的事故之一。因此，防范坠落伤害，除高空作业施工现场必须设置应有的防坠落设施外，还应该加强个人防坠落意识。

常见的建筑施工高处坠落伤害事故，主要有以下一些情况：

1. 临边、洞口处坠落

一是无防护设施或防护不规范。如防护栏杆的高度低于1.2 m，横杆不足两道，仅有一道等；在无外脚手架及尚未砌筑围护墙的楼面的边缘，防护栏杆柱无预埋件固定或固定不牢固。二是洞口防护不牢靠，洞口虽有盖板，但无防止盖板位移的措施。

2. 脚手架上坠落

主要是搭设不规范，如相邻的立杆（或大横杆）的接头在同一平面上，剪刀撑、连墙点任意设置等；架体外侧无防护网、架体内侧与建筑物之间的空隙无防护或防护不严；脚手板未满铺或铺设不严、不稳等。

3. 悬空高处作业时坠落

主要是在安装或拆除脚手架、井架（龙门架）、塔吊和在吊装屋架、梁板等高处作业时的作业人员，没有系好安全带，也无其他防护设施或作业时用力过猛，身体失稳而发生坠落。

4. 在轻型屋里和顶棚上铺设管道、电线或检修作业时坠落

主要是作业时没有使用轻便脚手架，在行走时误踩轻型屋面板、顶棚面而发生坠落。

5. 拆除作业时坠落

主要是作业时站在不稳固的部位或作业时用力过猛，身体失稳，脚踩活动构件或绊跌而发生坠落。

6. 登高过程中坠落

主要是无登高梯道，随意攀爬脚手架、井架登高；登高斜道面板、梯挡破损、踩断；登高斜道无防滑措施。

7. 在梯子上作业坠落

主要是梯子未放稳，人字梯两片未系好安全绳带；梯子在光滑的楼面上放置时，其梯脚无防滑措施，作业人员站在人字梯上移动位置而发生坠落。

二、人员触电的意外伤害

在现代建筑工程施工中，处处都离不开电源。大型起重设备必须有电源；很多中小型设备如：电葫芦、混凝土搅拌机、砂浆拌合机、震捣器、蛤蟆夯、钢筋切断机、钢筋弯曲机、电焊机、手持点焊机、手电钻、电锯、电刨、磨石机、套锯管机等也必须有电源才能运作；还有工地晚间的灯光照明，使临时电源线密布于整个作业环境中。因此在建筑施工作业中，若对电使用不当，缺乏防触电知识和安全用电意识，极易造成人身触电伤亡和电气设备事故。

发生人员触电的意外伤害事故的情况主要有：

1. 外电线路触电事故

外电线路触电事故主要是指施工中碰触施工现场周边的架空线路而发生的触电事故。包括：

（1）脚手架的外侧边缘与外电架空线之间没有达到规定的最小安全距离，也没有按照规范要求增设屏障、遮栏、围栏或保护网，在外电线路难以停电的情况下，进行违章冒险施工。特别是在搭、拆钢管脚手架，或在高处绑扎钢筋、支搭模板等作业时发生此类事故较多。

（2）起重机械在架空高压线下方作业时，塔吊大臂的最远端与架空高压电线之间的距离小于规定的安全距离，作业时触碰裸线或集聚静电荷从而造成触电事故。

2. 施工机械漏电造成事故

（1）建筑施工机械要在多个施工现场使用，不停地移动，环境条件较差（泥浆、锯屑污染等），带水作业多，如果保养不好，机械往往容易漏电。

（2）施工现场的临时用电工程没有按照规范要求做到“三级配电，两级保护”，有的工地虽然安装了漏电保护器，但选用保护器规格不当，认为只要是漏电保护器，装上了就保险，在开关箱中装上了 50 mA×0.1 s 规格，甚至更大规格的漏电保护器，结果关键时刻起不到保护作用。有的工地没有采用 TN—S 保护系统，也有的工地迫于规范要求，但不熟悉技术，拉了五根线就算“三相五线”，工作零线（N）与保护零线（PE）混用，施工机具任意拉接，用电保护一片混乱。

3. 手持电动工具漏电

主要是没有按照《施工现场临时用电规范》要求进行有效的漏电保护，使用者（特别是带水作业）没有戴绝缘手套、穿绝缘鞋。

4. 电线电缆的绝缘皮老化、破损及接线混乱造成漏电

有些施工现场的电线、电缆“随地拖、一把抓、到处挂”，乱拉、乱接线路，接线头不用绝缘胶布包扎；露天作业电气开关放在木板上不用电箱，特别是移动电箱无门，任意随地放置；电箱的进、出线任意走向，接线处“带电体裸露”，不用接线端子板，“一闸多机”，多根导线接头任意绞、挂在漏电开关或保险丝上；移动机具在插座接线时不用插头，使用小木条将电线头插入插座等。这些现象造成的触电事故较为普遍。

5. 照明及违章用电

移动照明特别是在潮湿环境中作业，其照明不使用安全电压，使用灯泡烘衣、袜等违章用电时造成的事故。

三、物体打击造成的意外伤害

物体打击是指失控物体的惯性力对人身造成的伤害，其中包括高处落物、飞蹦物、滚击物及掉物、倒物等造成的伤害。在建筑业施工中，物体打击造成的伤害事故范围较广，在高位的物体处置不当，容易出现物落伤人的情况。这类事故往往问题发生在上面，受害的人则在下面，多数都属于作业中引发伤害他人造成的事故。

在建筑施工中发生物体打击的情况主要有：

1. 高处落物伤害

在高处堆放材料超高、堆放不稳，造成材料散落，作业人员在作业时将断砖、废料等随手往地面上扔掷；拆脚手架、井架时，拆下的构件、扣件不通过垂直运输设备往地面运送，而是随拆随往下扔；在同一垂直面、立体交叉

CLSSPH

作业时，上、下层之间没有设置安全隔离层；起重吊装时材料散落（如吊运砖时未用砖笼，吊运钢筋、钢管时，吊点不正确，捆绑松弛等），造成落物伤害事故。

2. 飞蹦物击伤

爆破作业时安全覆盖、防护等措施不周；工地调直钢筋时没有可靠的防护措施。比如，使用卷扬机拉直钢筋时，夹具脱落或钢筋拉断，钢筋反弹击伤人；使用有柄工具时没有进行认真检查，作业时手柄断裂，工具头飞出击伤人等。

3. 滚物伤害

主要是在基坑边堆物不符合要求，如砖、石、钢管等滚落到基坑、桩洞内造成基坑、桩洞内作业人员受到伤害。

4. 从物料堆上取物料时，物料散落、倒塌造成人身伤害

物料堆放不符合安全要求，取料者图方便不注意安全。比如，自卸汽车运砖时，不码砖堆，取砖工人顺手抽取，往往使上面的砖落下造成伤害；长杆件材料竖直堆放，受振动不稳倒下砸伤人；抬放物品时抬杆断裂等造成物击、砸伤事故。

四、施工机械的意外伤害

施工机械伤害是指机械设备与工具引起的绞、辗、碰、割、戳、切等对人体造成的伤害。主要伤害形式有：工件或刀具飞出伤人；切屑伤人；手或身体其他部位卷入；手或其他部位被刀具碰伤；被设备的转动机构缠住等造成的伤害等。在建筑施工中最为常见的施工机械伤害是搅拌机伤害以及刨木机伤害，搅拌机伤害往往可以致人于惨死，令人触目惊心，刨木机伤害通常会造成人员的重伤或轻伤。根据统计，机械伤害事故的原因归纳起来，人的不安全行为造成事故占机械伤害事故总数的55%以上，机械的不安全状态造成事故约占总数的45%。

造成施工机械意外伤害的原因主要有：

1. 违章指挥

违章指挥主要有：施工指挥者指派了未经安全知识和技能培训合格的人员从事机械操作；为赶进度不执行机械保养制度和定机定人责任制度，指挥“歇人不停机”；使用报废机械。

2. 违章作业

违章作业主要是操作人员为图方便，有章不循，违章作业。比如，混凝土搅拌机加料时，不挂保险链；擅自拆除砂浆机加料防护栏；木工平刨机无护指安全装置；起重机械拆除力矩限制器后使用；机械运转中进行擦洗、修理；非机械工擅自启动机械操作。

3. 没有使用和不正确使用个人劳动保护用品

如戴手套进行车床等旋转机械作业，钢筋焊接作业时穿化纤服装等。

4. 没有安全防护和保险装置或装置不符合要求

如机械外露的转（传）动部位（如齿轮、传送带等）没有安全防护罩；圆盘锯无防护罩、无分料器、无防护挡板；吊塔的限位、保险不齐全或虽有却失效。

5. 机械不安全状态

如机械带病作业，机械超负荷使用，使用不合格机械或报废机械。

五、坍塌的意外伤害

坍塌是指建筑物、构筑物、堆置物倒塌以及土石塌方造成的事故。在建筑业中经常会遇到坍塌伤害，例如接层工程坍塌、纠偏工程坍塌、交付使用工程坍塌、在建整体工程坍塌、改建工程坍塌、在建工程局部坍塌、脚手架坍塌、平台坍塌、墙体坍塌、土石方作业坍塌、拆除工程坍塌等。

由于坍塌的过程产生于一瞬间，来势凶猛，现场人员往往难以及时迅速撤离，不能撤离的人员，会随着坍塌物体的变动而引发坠落、物体打击、挤压、掩埋、窒息等严重后果。如果现场有危险物品存在，还可能引发着火、爆炸、中毒、环境污染等灾害。还有因抢救过程中，缺乏应有的防护措施，因此出现再次、多次坍塌，扩大了人员伤亡的范围，容易发生群死群伤事故。近年来，随着高层、超高层建筑物的增多，基坑的深度越来越深，坍塌事故也呈现出上升趋势。

造成坍塌伤害事故的主要原因有以下几种：

1. 基坑、基槽开挖及人工扩孔桩施工过程中的土方坍塌

主要是坑槽开挖没有按规定放坡，基坑支护没有经过设计或施工时没有按照设计要求支护；支护材料质量差而造成支护变形、断裂；边坡顶部荷载大（如在基坑边沿堆土、砖石等，土方机械在边沿处停靠）；排水措施不通畅，造成坡面受水浸泡产生滑动而塌方；冬春之交破土时，没有针对土体胀缩因素采取护坡措施。

2. 楼板、梁等结构和雨篷等坍塌

主要是工程结构施工时，在楼板上面堆放物料过多，使荷载超过楼板的设计承载力而断裂；刚浇筑不久的钢筋混凝土楼板未达到应有的强度，为赶进度即在该楼板上面支搭模板浇筑上层钢筋混凝土楼板造成坍塌；过早拆除钢筋混凝土楼板、梁构件和雨篷等的模板或支撑，因混凝土强度不够而造成坍塌。

3. 房屋拆除坍塌

随着城市建设的迅速发展，使拆除工程增多，然而，拆除人员的专业队伍力量薄弱，管理尚不到位，加上拆除作业人员素质低，拆除工程不编制施工方案和技术措施，盲目蛮干，野蛮施工，造成墙体、楼板等坍塌。

4. 模板坍塌

模板坍塌是指用扣件式钢管脚手架、各种木杆件或竹材搭设的高层建筑的楼板的模板，因支撑杆件刚性不够、强度低，在浇筑混凝土时失稳造成模板上的钢筋和混凝土的塌落事故。模板支撑失稳的主要原因是没有进行设计计算，也不制订施工方案，施工前也未进行安全交底。特别是混凝土输送管路，往往附着在模板上，输送混凝土时产生的冲击和振动更加速了支撑的失稳。

5. 脚手架倒塌

主要是没有认真按规定编制施工方案，没有执行安全技术措施和验收制度。架子工属于特种作业人员，必须持证上岗。但目前，架子工文化水平普遍偏低，安全技术素质不高，专业性施工队伍少。竹脚手架所用的竹材有效直径普遍达不到要求，搭设不规范，特别是相邻杆件接头、剪刀撑、连墙点的设置不符合安全要求，造成脚手架失稳倒塌。

6. **塔吊倾翻、井字架（龙门架）倒塌**

一个原因主要是塔吊起重钢丝或平衡臂钢丝绳断裂致使塔吊倾翻，因轨道沉陷及下班时夹轨钳未夹紧轨道，夜间突起大风造成塔吊出轨倾翻。塔吊倒塌的另一个原因是，在安装拆除时，没有制订施工方案，不向作业人员交底。井架、龙门架倒塌主要原因是，基础不稳固，稳定架体的缆风绳，或搭、拆架体时的临时缆风绳不使用钢丝绳，用直径 6 mm 的钢筋，甚至使用尼龙绳。附墙架使用竹、木杆并采用铅丝等绑扎，井架与脚手架连在一起等。

第三节　建筑施工事故的应急处置与救治

一、高处坠落事故的应急处置与救治

高空坠落事故在建筑施工中属于常见多发事故。由于从高处坠落，受到高速坠地的冲击力，使人体组织和器官遭到一定程度的破坏而引起的损伤，通常有多个系统或多个器官的损伤，严重者当场死亡。高空坠落伤除有直接或间接的受伤器官表现外，还伴有昏迷、呼吸窘迫、面色苍白和表情淡漠等症状，可导致胸、腹腔内脏组织器官发生广泛的损伤。高空坠落时如果是臀部先着地，外力沿脊柱传导到颅脑而致伤；如果由高处仰面跌下时，背或腰部受到冲击，可引起腰椎前纵韧带撕裂，椎体裂开或椎弓根骨折，易引起脊髓损伤。脑干损伤时常有较重的意识障碍、光反射消失等症状，也可有严重合并症的出现。

当发生高处坠落事故后，抢救的重点应放在对休克、

骨折和出血的处理上。

1. 颌面部受伤者

首先应保持呼吸道畅通，摘除义齿，清除移位的组织碎片、血凝块、口腔分泌物等，同时松解伤员的颈、胸部纽扣。若舌已后坠或口腔内异物无法清除时，可用12号粗针头穿刺环甲膜，维持呼吸，尽可能地早做气管切开。

2. 脊椎受伤者

创伤处用消毒的纱布或清洁布等覆盖伤口，用绷带或布条包扎。搬运时，将伤者平卧放在帆布担架或硬板上，以免受伤的脊椎移位、断裂造成截瘫，导致死亡。抢救脊椎受伤者时，搬运过程中严禁只抬伤者的两肩与两腿或单肩背运。

3. 手足骨折受伤者

不要盲目搬动受伤者。应在骨折部位用夹板把伤者受伤的位置临时固定，使断端不再移位或刺伤肌肉、神经或血管。固定方法：以固定骨折处上下关节为原则，可就地取材，用木板、竹片等。

4. 复合伤者

要求平仰卧位，保持呼吸道畅通，解开衣领扣。

5. 周围血管受伤者

压迫伤部以上动脉干至骨骼。直接在伤口上放置厚敷料，绷带加压包扎以不出血和不影响肢体血循环为宜。

此外，还需要注意的是，在搬运和转送过程中，颈部和躯干不能前屈或扭转，而应使脊柱伸直，绝对禁止一个抬肩、一个抬腿的搬法，以免发生或加重截瘫。

二、物体打击事故的应急救治

1. 物体打击事故的应急预案

(1) 日常备有应急物资，如简易担架、跌打损伤药品、纱布等。

(2) 建立健全应急预案组织机构，做好人员分工，在事故发生时做好应急抢救，如现场包扎、止血等措施，防止伤者流血过多造成死亡。

(3) 一旦有事故发生，首先要高声呼喊，通知现场安全员，马上拨打急救电话，并向上级领导及有关部门汇报情况。

(4) 事故发生后，马上组织抢救伤者，首先观察伤者的受伤情况、部位，工地卫生员做临时治疗。

(5) 重伤人员应马上送往医院救治，一般伤员在等待救护车的过程中，门卫要在大门口迎接救护车，有程序地处理事故，最大限度地减少人员和财产损失。

2. 物体打击事故的应急救治

当发生物体打击事故后，尽可能不要移动患者，尽量当场施救。抢救的重点应放在颅脑损伤、胸部骨折和出血的处理上。

(1) 发生物体打击事故后，相关人员应马上组织抢救伤者，首先观察伤者的受伤情况、部位、伤害性质，如伤员发生休克，应先处理休克。遇到呼吸、心跳停止者，应立即进行人工呼吸，胸外心脏挤压。处于休克状态的伤员要让其安静、保暖、平卧、少动，并将其下肢抬高约 20 度左右，尽快送往医院进行抢救治疗。

(2) 当伤者出现颅脑损伤的情况，必须维持其呼吸道通畅，昏迷者应平卧，面部转向一侧，以防舌根下坠或分泌物、呕吐物吸入，发生喉阻塞。有骨折者，应初步固定后再搬运。遇有凹陷骨折、严重的颅底骨折及严重的脑损伤症状出现时，创伤处用消毒的纱布或清洁布等覆盖伤口，用绷带或布条包扎后，及时就近送往有条件的医院进行治疗。

如果处在不宜施救的场所，必须将患者搬运到能够安全施救的地方，应尽量多找一些人来搬运，观察患者呼吸和脸色的变化，如果是脊柱骨折，不要弯曲、扭动患者的颈部和身体，不要接触患者的伤口，要使患者身体放松，尽量将患者放到担架或平板上进行搬运。

三、施工坍塌事故的应急救治

建筑施工中发生坍塌事故后，人们一时难以从倒塌的惊吓中恢复过来，被埋压的人众多、现场混乱失去控制、火灾和二次倒塌的危险处处存在，容易给现场的抢险救援工作带来极大的困难。同时，由于事故的发生，可能造成建筑内部燃气、供电等设施毁坏，导致火灾的发生，尤其是化工装置等构筑物倒塌事故，极易形成连锁反应，引发有毒气（液）体泄漏和爆炸燃烧事故的发生。并且在建筑物整体坍塌的现场，废墟堆内建筑构件纵横交错，将遇难人员深深地埋压在废墟里面，给人员救助和现场清理带来极大的困难；建筑物局部坍塌的现场，虽然遇难人员数量较少，但由于楼内通道的破损和建筑结构的松垮，对灭火救援工作的顺利进行也造成一定的困难。

建筑施工发生坍塌事故之后，在应急救援上需要注意：

1. 迅速建立现场临时指挥机构，建立统一指挥管理系统

倒塌事故发生后，工作人员应及时了解和掌握现场的整体情况，并向上级领导报告，同时，根据现场的实际情况，拟订倒塌救援实施方案，实施现场的统一指挥和管理。

2. 设立警戒，疏散人员

倒塌事故发生后，工作人员应及时划定警戒区域，设置警戒线，封锁事故路段的交通，隔离围观群众，严禁无关车辆及人员进入事故现场。

3. 派遣搜救小组进行搜救

现场指挥在派遣搜救小组进入倒塌区域实施被埋压人员搜救之前，必须对如下几个重要问题进行询问和侦查：

（1）倒塌部位和范围，可能涉及的受害人数；

（2）可能受害人或现场失踪人在倒塌前被人最后看到时所处的位置；

（3）受害人存活的可能性；

（4）了解展开现场施救需要的人力和物力方面的帮助，何时何处能获得这些帮助；

（5）倒塌现场的火情状况；

（6）现场二次倒塌的危险性；

（7）现场可能存在的爆炸危险性；

（8）现场施救过程中其他方面潜在的危险性。

4. 切断气、电和自来水源，并控制火灾或爆炸

建筑物倒塌现场到处可能缠绕着带电的拉断的电线电缆，随时威胁着被埋压人员和即将施救的人员；断裂的燃气管道泄漏的气体既能形成爆炸性气体混合物，又能增强现场火灾的火势；从断裂的供水管道流出的水能很快将地下室或现场低洼的坍塌空间淹没。此外，这些电、气、水的现场控制开关也都可能被埋压在倒塌的废墟堆里，一时难以实施切断。因此，要及时责令当地的供电、供气、供水部分的检修人员立即赶赴现场，通过切断现场附近的局部总阀或开关，消除这些危险。

5. 现场清障开辟进出通道

迅速清理进入现场的通道，在现场附近开辟救援人员和车辆集聚空地，确保现场拥有一个急救场所和一条供救援车辆进出的通道。

6. 搜寻倒塌废墟内部空隙存活者

在倒塌废墟表面的受害人被救后，就应该立即实施倒塌废墟内部受害人的搜寻，因为有火灾的倒塌现场，烟火同样会很快蔓延到各个生存空间。搜寻人员最好携带一支水枪，以便及时驱烟和灭火。

7. 清除局部倒塌物，实施局部挖掘救人

现场废墟上的倒塌物清除可能触动到那些承重不稳的构件引起现场的二次倒塌，使被压埋人员再次受伤，因此清理局部倒塌物之前，要制订初步的方案，行动要极其细致谨慎，要尽可能地选派有经验或受过专门训练的人员承担此项工作。

8. 倒塌废墟的全面清理

在确定倒塌现场再无被埋压的生存者后，才允许进行倒塌废墟的全面清理工作。

9. 抢救行动中需要注意的事项

抢救行动中需要注意以下事项：

（1）调派救援力量及装备要一次性到位，及时要求公安、医疗救护等部门到场协助救援。成立现场救援指挥部，实施统一指挥，严密制订救助方案，相关部门要各司其职，做好协同作战。

（2）当伴随有火灾发生时，救人、灭火应同时进行。

（3）在现场快速开辟出一块空阔地和进出通道，确保现场拥有一个急救平台和一条供救援车辆进出的通道。

（4）救援人员要加强行动安全，不应进入建筑结构已经明显松动的建筑内部；不得登上受力不均匀的阳台、楼板、房屋等部位；不准冒险钻入非稳固支撑的建筑废墟下面。实施倒塌现场的监护，严防倒塌事故的再次发生。

（5）为尽可能地抢救遇险人员的生命，抢救行动应本着先易后难，先救人后救物，先伤员后尸体，先重伤员后轻伤员的原则进行。救援初期，不得直接使用大型铲车、吊车、堆土机等施工机械车辆清除现场。对身处险境、精神几乎崩溃、情绪显露恐惧者，要进行鼓励、劝导和抚慰，增强其生存的信心。在切割被救者上面的构件时，防止火花飞溅伤人，减轻振动伤痛。对于一时难以施救出来的人员，视情况喂水、供氧、清洗、撑顶等，必要时给予止血、输液等治疗，以减轻被救者的痛苦，改善险恶环境，提高其生存条件。

（6）对于可能存在毒气泄漏的现场，救援人员必须佩戴空气呼吸器、防化服；使用切割装备破拆时，必须确认现场无易燃、易爆物品。

四、发生中暑时的应急救治

建筑施工主要是在室外作业，在夏季高温的情况下，特别容易发生人员中暑现象。中暑是高温影响下的体温调节功能紊乱，常因烈日暴晒或在高温环境下重体力劳动所致。

1. 中暑原因

正常人体温恒定在37℃左右，是通过下丘脑体温调节中枢的作用，使产热与散热取得平衡。当周围环境温度超过皮肤温度时，散热主要靠出汗以及皮肤和肺泡表面的蒸发。人体的散热还可通过血流循环，将深部组织的热量带至上下组织，通过扩张的皮肤血管散热，因此经过皮肤血管的血流越多，散热就越多。如果产热大于散热或散热受阻，体内有过量热蓄积，即产生高热中暑。

2. 中暑的分类

（1）先兆中暑。先兆中暑为中暑中最轻的一种。表现为在高温条件下劳动或停留一定时间后，出现头昏、头痛、大量出汗、口渴、乏力、注意力不集中等症状，此时的体温可正常或稍高。这类病人经过积极处理后，病情很快会好转，一般不会造成严重的后果。处理方法也比较简单，通常是将病人立即带离高热环境，来到阴凉、通风等条件良好的地方，解开病人的衣服，口服清凉饮料及0.3%的冰盐水或十滴水、仁丹等防暑药，经短时间的休息和处理后，症状即可消失。

（2）轻度中暑。轻度中暑往往因先兆中暑未得到及时救治发展而来，除有先兆中暑的症状外，还可同时出现体温升高（通常＞38℃），面色潮红，皮肤灼热；比较严重者可出现呼吸急促，皮肤湿冷，恶心，呕吐、脉搏细弱而快，血压下降等呼吸、循环早衰症状。处理时除按先兆中暑的方法外，应尽量饮水或静脉滴注5%葡萄糖盐水，也可用针刺人中、合谷、涌泉、曲池等穴位。如体温较高，可采用物理方法降温；对于出现呼吸、循环衰竭倾向的中暑病人，应送医院救治。

（3）重症中暑。重症中暑是中暑中最严重的一种。多见于年老、体弱者，往往以突然谵妄或昏迷起病，出汗停止可为其前驱症状。患者昏迷，体温常在40℃以上，皮肤干燥、灼热，呼吸快、脉搏大于140次/min。这类病人治疗效果很大程度上取决于抢救是否及时。因此，一旦发生中暑，应尽快将病人的体温降至正常或接近正常水平。降温的方法有物理降温和药理降温两种。物理降温简便安全，通常是在病人颈项、头顶、头枕部、腋下及腹股沟加置冰袋，或用凉水加少许酒精擦拭，一般持续半小时左右，同时可用电风扇向病人吹风以增加降温效果。药物降温效果比物理方式好，常用药为氯丙嗪，但应在医护人员的指导下使用。由于重症中暑病人病情发展很快，且可出现休克、呼吸衰竭等现象，时间长可危及病人生命，所以应争分夺秒地抢救，最好尽快送往条件好的医院进行救治。

3. 中暑的急救措施

（1）搬移。迅速将患者抬到通风、阴凉、干爽的地方，使其平卧并解开衣扣，松开或脱去衣服，如衣服被汗水湿透应更换衣服。

（2）降温。患者头部可捂上冷毛巾，可用50%的酒精、白酒、冰水或冷水进行全身擦拭，然后用电扇吹风，加速散热，有条件的也可用降温毯进行降温，但不要快速降低患者的体温，当体温降至38℃以下时，要停止一切冷敷等强降温措施。

（3）补水。患者仍有意识时，可给予一些清凉饮料，在补充水分时，可加入少量盐或小苏打水。但千万不可急于补充大量水分，否则，会引起患者呕吐、腹痛、恶心等症状。

(4) 促醒。患者若已失去知觉，可指掐人中、合谷等穴位，使其苏醒。若呼吸停止时，应立即实施人工呼吸。

(5) 转送。对于重症中暑患者，必须立即送往医院进行诊治。搬运病人时，应用担架运送，不可使患者步行，同时运送途中要注意，尽可能地用冰袋敷于病人额头、枕后、胸口、肘窝及大腿根部，积极进行物理降温，以保护患者大脑、心肺等重要脏器。

☆事故案例

事故案例一：临边防护栏杆未能复原导致的高处坠落事故

1. 事故经过

2002 年 1 月 14 日，在河北某建筑公司承担的高层工地上，项目部负责人王某，安排本公司两位职工到 4 号房 13 层封闭施工墙面过人洞，普工李某负责用小推车运送砌筑砖块。上午 7 时左右，李某在运砖时，由于通道狭窄，小推车不能直接穿过墙面过人洞，李某在转向后退时，不慎从 4 号房 13 层室内楼梯口坠落至 12 层楼面（坠落高度 2.8 m）。事故发生后，现场人员立即将他送到医院，李某经抢救无效于次日凌晨 2 时死亡。

2. 事故原因分析

造成事故的直接原因：1 月 11 日 4 号房做混凝土地坪时，将复式室内楼梯口临边防护栏杆拆除，但由于混凝土地坪尚未干透，强度不足，故而无法恢复临边防护设施。项目部准备在地坪干透后，再重新设置临边防护栏杆。由于没有设置临边防护栏杆，导致人员从高处坠落。

造成事故的间接原因，是违反施工顺序、违章指挥，安排工人进行砌筑作业。

3. 事故教训与防范措施

（1）加强对建筑队伍的管理，管理措施一定要落到实处。安排工作前首先要对工作环境进行认真检查，确认无安全隐患后，再安排工人工作。对危险作业必须进行有针对性的、全面的安全技术交底。

（2）重点加强临边、洞口的安全防护设施的管理，并在施工中派专人进行监护。

（3）要求各施工单位加强自身的安全管理力度，提高安全生产意识，对职工进行安全生产教育，增强自我保护意识。安排施工任务，严禁违章指挥、违章作业。

事故案例二：探身进入施工电梯中观看运行造成的伤亡事故

1. 事故经过

2002 年 10 月 16 日，在广东某建安总公司进行施工的高层工地上，下午 5 时 30 分，瓦工班普工杨某在完成填充墙上嵌缝工作后，站在建筑物 15 层施工电梯通道板中间两根道竖管边准备下班。当时施工电梯东笼装着混凝土小车向上运行，电梯操作工听到上面有人呼叫，就将电梯开到 16 层楼面，发现 16 层没有人，于是启动电梯往下运行，在下行至 15 层不到处，正好压在将头部与上身伸出道竖管探望施工电梯运行情况的瓦工班普工杨某头部左侧顶部，导致杨某头部受伤，当场昏迷。当电梯笼内人员发现在 15 层连接运料平台板的电梯稳固撑上有人趴在上面，及时采取措施将杨某送往医院进行抢救，最终因杨某头部脑颅外伤严重，经抢救无效死亡。

2. **事故原因分析**

造成事故的直接原因，是杨某在完成填充墙上嵌缝工作后，擅自拆除道竖管的邻边防护措施，将头部与上身伸入正在运行的施工电梯轨迹中，造成头部受伤。

造成事故的间接原因，一是施工电梯管理制度不健全、安全教育培训不够、安全检查不到位，对施工人员的安全教育培训工作不够深入。二是作业班长安排工作时，未按规定做好安全监护工作。

3. **事故教训与防范措施**

（1）加强对施工现场各分包单位安全生产管理的监管力度，强化安全生产责任制，健全和实施安全生产的规章制度。

（2）施工企业必须加强对职工的安全教育与培训，增强职工自我保护意识，加强施工作业前有针对性的安全技术交底工作，杜绝各类违章现象的出现。

（3）施工企业针对事故发生，开展举一反三，实施现场全面安全检查，制订有效的安全防护措施，严格按照体系要求对安全防护设施进行检查与检验工作，杜绝隐患。

事故案例三：施工过程中土方堆置不合理导致坍塌事故

1. **事故经过**

2002 年 3 月 13 日，在苏州河支流污水截流工程施工中，施工单位在做工程前期准备工作时，为了了解地下管线情况、土质情况及实测原有排水管涵位置标高，下午 15 时 30 分开始地下管线探摸、样槽开挖作业。下午 16 时 30 分左右，当挖掘机将样槽挖至约 2 m 深时，突然土体发生塌方，当时正在坑底进行挡土板支撑作业的工人周某避让不及，身体头部以下被埋入土中。事故发生后，现场项目经理、施工员立即组织人员进行抢救，并通知120救护中心、119消防部门赶赴现场进行抢救，虽经多方全力抢救但未能成功，下午17时20分左右，周某在某中心医院死亡。

2. 事故原因分析

造成事故的直接原因，一是施工过程中土方堆置不合理。土方堆置未按规范单侧堆高度不得超过1.5 m、离沟槽边距离不得小于1.2 m的要求进行，实际堆土高度达2 m，距沟槽边距离仅1 m。二是现场土质较差。现场为原沟浜回填土约4 m深，且紧靠开挖的沟槽，其中夹杂许多垃圾，土体非常松散。

造成事故的间接原因，一是施工现场安全措施针对性较差。未能考虑员工逃生办法，对事故的预见性较差，麻痹大意。二是坑底作业人员站位不当，自身防范意识不强，逃生时晕头转向，从而发生了事故。三是施工现场管理不力。由于刚进场作业，对于安全生产各方面准备不充分，思想上未能引起足够重视，管理不到位。

3. 事故教训与防范措施

（1）召开事故现场会，通过事故案例对所有施工人员进行安全教育，提高对安全施工的认识。

（2）制订有针对性的施工安全技术措施，对每一施工路段制订相应的施工大纲、严格按照施工技术规范和安全操作规程作业、对上岗职工进行安全技术交底，配备足够的施工保护设施用品如横列板、钢板桩、逃生扶梯等，并督促落实。

讨论题：

1. 建筑施工有哪些特点？
2. 建筑施工中五类常见的伤亡事故是什么？
3. 高处坠落的意外伤害主要有哪些情况？
4. 人员触电的意外伤害主要有哪些情况？
5. 物体打击的意外伤害主要有哪些情况？
6. 施工机械的意外伤害主要有哪些情况？

第二章　煤矿生产的意外伤害与救治

我国是一个缺气少油富煤的国家，煤炭是我国重要的基础能源和工业原料。近年来，在我国总的能源消费结构中，煤炭约占2/3，其余为石油、天然气及电力。煤矿大体分为两类，一类是露天煤矿，另一类是井工煤矿。井工煤矿就是地下煤矿，下井作业就是地下作业。我国煤矿大多属于地下开采的井工煤矿，井工煤矿的矿井产量约占总产量的97%。

第一节　煤矿生产的特点与危害

一、我国煤矿生产的特点

我国煤矿大多属于地下开采的井工煤矿，井工煤矿危险性较高，这主要与井下作业的特殊性有关。

煤矿井下作业工作场所潮湿、阴暗而且狭窄，地质条件、开采技术复杂，生产环节较多，受水、火、瓦斯、煤尘、顶板等多种自然灾害的威胁，不安全因素多。并且由于煤层赋存不稳定，地质构造复杂多样，伴随产生各种各样的地质灾害，例如：具有煤尘爆炸危险的矿井，高瓦斯和煤与瓦斯突出矿井，自然发火危险矿井，具有水害危险的矿井，某些矿井还有冲击地压、岩爆、矿震和高温危害。

此外，我国小煤矿占的比例很大，绝大多数小煤矿基础装备简陋，生产系统不完善，管理落后，采用原始落后的采煤方法，还存在不具备安全生产的基本条件的现象。目前，我国正在加大对不合格小煤矿的关闭工作。小煤矿数量虽然在逐年减少，安全生产也趋于好转，但在安全生产基础管理方面仍存在诸多问题，生产安全事故多发的状况依然未得到有效遏制。小煤矿的产量近几年仅占全国总产量的1/3左右，但是事故起数和死亡人数却占总量的2/3以上。

我国国有重点煤矿机械化程度虽然已达到72%，但国有地方煤矿和乡镇煤矿机械化程度很低，造成我国煤矿整体装备水平与国外煤矿有很大差距。煤矿防灾系统的性能、状况也远不能满足安全生产的需要。

二、煤矿农民工的特点

最近几年，农村劳动力大量转移，进入矿山、建筑等高风险、重体力劳动行业和领域。全国550万煤矿职工中，农民工约占半数，主要在井下一线工作。小煤矿从业人员几乎全部为农民工。

据统计，在农民工中，文盲与半文盲占7%，小学文化为29%，高中以上仅占13%。因此，农民工的安全理念、操作技能，抵御各种灾害的能力直接影响着煤矿企业的安全、效益和发展。而且由于许多农民工是农闲进城打工，处于刚放下锄头即下井作业的粗放劳动型，从事某项工作具有很大的随机性和流动性，不能全面掌握某项工作的专业知识，即使参加企业用业余时间为农民工办的安全、技术培训，也是似懂非懂，不知所云，技术水平很难提高，为其作业安全和人身安全埋下了隐患。正是因为技术水平不高，对技术操作掌握不够，许多事故的发生，往往是由于农民工自身的“三违”（即违章指挥、违章操作、违反劳动纪律）原因造成的。所以，一旦发生事故，农民工常常既是事故的受害者，又是事故的肇事者。

由于煤矿井下作业环境的复杂性和特殊性，为了防止职业危害的发生，保护职工的身体健康，需要采取有效的措施进行劳动保护，最大限度地消除劳动过程中危及人身安全和健康的不良条件，防止伤亡事故和职业病，保障煤矿职工身体的安全和健康。

三、煤矿井下的作业环境

煤矿井下的作业环境比地面田园、车间等任何场所的工作环境都艰苦得多，特别是地方小煤矿尤为突出。具体表现为劳动强度大，一般矿井采掘工纯工作 8 h，在井下就需 10 h 左右；没有阳光照射；上下、前后、左右无时无刻不受到安全威胁，还有矿尘、煤尘、炮烟等存在；呼吸新鲜空气需要通风解决；由于地热作用、人体和机电设备散热、水分蒸发等，井下的温度、湿度、空气质量等气候条件，使得矿井采掘面环境远不如地面。

另外，井下作业危险系数也较高。一是生产工艺复杂，采煤、掘进、机电、运输、通风、排水等，哪一个工种、哪一道工序、哪一个系统和环节出了问题都可能酿成事故。二是瓦斯、煤尘爆炸，水、火灾害和大冒顶事故破坏性很大，严重的可导致矿毁人亡。三是机电操作、运输环节、施工材料等也时常发生事故，或产生职业危害，如机械设备运转产生的噪声，局部通风机和风动凿岩机等尤为突出，施工中所用材料，例如水泥和锚固剂对人的腐蚀和毒害以及井下的泥水环境等，每时每刻都对人体产生伤害。

四、入井作业人员佩戴与携带物品须知

入井人员必须戴安全帽，随身携带自救器和矿灯，严禁携带烟草和点火物品，严禁穿化纤衣服。这一规定是入井人员须知的最起码的常识，也是国内外煤矿生产中许多血的教训所总结出来的一条重要经验，国内外一些重大恶性事故充分证明了这一规定的必要性。

由于井下吸烟而引起的瓦斯爆炸事故，造成的伤亡人数约占 30%左右。因此，严禁携带烟草和点火物品入井，是保证矿井和人身安全的必要措施。

化纤衣服，是指用合成纤维纺织而成的衣料制品。由于化纤衣料绝缘电阻大，当它和人体或衣料之间发生摩擦时，就可能产生静电，其放电能量可达 0.4 mJ。而静电点燃 8.5%的瓦斯空气混合物只需 0.32 mJ，点燃 20%的氢气空气混合物只需 0.013 mJ。因此，如果穿化纤衣服下井，遇到工作地点瓦斯浓度超限或在井下充电硐室内工作，就可能引起瓦斯、氢气的燃烧和爆炸。另外，化纤衣服易燃，万一发生火灾，还会使穿化纤衣服的人员立即被灼伤皮肤，甚至导致死亡。因此，《煤矿安全规程》专门规定，严禁穿化纤衣服入井。

《煤矿安全规程》还规定：“煤矿企业必须建立入井检身制度和出入井人员清点制度。”实行这两种制度的目的，是对入井人员应该做到的基本要求的督促和检查，以便于当井下发生意外事故时，矿工能及时得到救援。

第二节　煤矿井下的意外伤害

一、煤矿瓦斯灾害的伤害

煤矿瓦斯是伴随煤炭生成的气体。甲烷是煤矿瓦斯的重要成分，其分子式是 CH_4。在煤炭开采时，瓦斯会源源不断地向采掘空间涌出。

瓦斯的性质及特点：

1. 瓦斯是无色、无味、无嗅的气体。利用人体感官很难鉴别空气中是否有瓦斯存在，所以，检测瓦斯时必须使用专门的检测仪器。此外，瓦斯比空气轻，易在高处积存。

2. 瓦斯难溶于水，煤层中有较大的含水裂隙或流动的地下水通过时，经过漫长的地质年代，就能从煤层中带走大量瓦斯，降低煤层中的瓦斯含量。

3. 瓦斯的扩散能力很强。生产中若有瓦斯从某一地点向外涌出，它就能很快在巷道中扩散。又由于瓦斯分子直径很小，所以，瓦斯的渗透能力又很强，因此，已封闭的采空区内的瓦斯仍能不断地渗透到矿内空气中。

4. 瓦斯无毒，但不能供人呼吸，当空气中的瓦斯浓度较高时会相对降低空气中的氧含量，从而造成人的窒息。同时，矿井瓦斯中含有的乙烷和丙烷还有轻微的麻醉性，在矿井通风不良或不通风的煤巷中，往往积存大量的瓦斯，人如果进入到这些地点，能很快造成昏迷、窒息，甚至死亡。

5. 瓦斯具有燃烧性和爆炸性。瓦斯与空气混合达到一定浓度后遇火能燃烧或爆炸。

6. 瓦斯引燃具有延迟性。因瓦斯的热容量较大，当瓦斯与高温火源接触时并不会立刻发生燃烧，而是要经过一定的时间才能发生燃烧，这种现象就叫瓦斯点燃的延迟性，间隔的这段时间称为瓦斯爆炸感应期。感应期的长短与瓦斯浓度、火源温度和火源性质等有关。

在煤层内，吸附的瓦斯量约占煤层瓦斯含量的80％～90％。但是在断层、孔洞和砂岩内，主要为游离瓦斯。如果瓦斯的压力较高，采掘工作接近这些地点时，瓦斯在压力的作用下就能突然大量涌出，造成事故。

防止瓦斯爆炸的技术措施有很多，主要有以下三个方面：防止瓦斯积聚，防止瓦斯被引燃，防止瓦斯爆炸事故的扩大。根本措施还是防止瓦斯积聚和防止瓦斯被引燃。

防止瓦斯积聚的措施主要有：加强通风是防止瓦斯积聚的根本措施；及时处理局部积聚瓦斯；抽放瓦斯的方法一般是用在矿井瓦斯涌出量很大、用一般的技术措施效果不佳的情况下；对于井下易于积聚瓦斯的地方，要经常检查其浓度，若发现瓦斯超限应及时处理。

防止瓦斯燃烧的措施主要有：禁止携带烟草及点火工具下井。井下禁止使用电炉，井下和井口房内不准从事电焊、气焊和使用喷灯接焊等工作。如果必须使用，则须制订安全措施，并报上级批准。在瓦斯矿井应选用矿用安全型、矿用防爆型或矿用安全火花型电气设备。在使用中应保持良好的防爆、防火花性能。电缆接头不准有“羊尾巴、鸡爪子、明接头”。停电停风时，要通知瓦斯检查人员检查瓦斯，恢复送电时，要经过瓦斯检查人员检查后，才准许恢复送电工作。严格执行“一炮三检”制度。

二、煤（或岩）与瓦斯（或二氧化碳）突出的伤害

在我国还有许多煤矿存在煤（或岩）与瓦斯（或二氧化碳）突出的危险性。时至今日，还无法完全弄清发生煤（或岩）与瓦斯（或二氧化碳）突出的原因。但通过长期的生产实践，基本掌握了一些突出的机理，特别是对于发生煤与瓦斯突出的规律和预兆有了较高的认识，这对于预防煤与瓦斯突出事故的发生，防止和减少事故造成的损失，都起到了重大作用。

煤（或岩）与瓦斯（或二氧化碳）突出是指在地应力和瓦斯的共同作用下，在极短的时间内破碎的煤（或岩）和瓦斯（或二氧化碳）由煤体内突然喷出到采掘空间的现象，它是一种复杂的动力现象。它是严重威胁煤矿安全生产的主要灾害之一，不仅会破坏井巷，破坏通风系统，而且还会造成井下人员的窒息和瓦斯爆炸事故。

三、煤矿火灾的伤害

俗话说水火无情，火灾不仅能造成重大财产损失，而且会造成重大人员伤亡。煤矿井下为封闭空间，矿井火灾中产生的有毒有害气体会随风流扩散，使灾害范围扩大，又由于井下空间狭窄，给灭火带来了极大困难，因此，矿井火灾是煤矿重大灾害之一。

矿井火灾按照发火原因的不同可分为内因火灾和外因火灾。

1. 内因火灾

内因火灾是由于煤炭自燃引起的火灾。煤炭之所以能发生自燃，是因为煤炭具有吸收氧气的能力。当煤炭被破

碎后或煤层本身裂隙发育时，煤体表面积大大增加。在此情况下，空气中的氧会与之发生氧化反应并生成一定的热量。如果氧化生成的热量不能及时散出，它又会加速煤炭的氧化，氧化又将有大量的热量生成。这样恶性循环下去，一旦煤体温度达到其燃烧点，煤炭就会发生自燃。

内因火灾一般发火地点比较隐蔽，不易发现，因此灭火困难。从以往经验来看，煤炭自燃一般经常发生在有大量遗煤而未及时封闭或封闭不严的采空区内，以及废弃的联络巷和停采线处；巷道两侧和遗留在采空区内受压破坏的煤柱；巷道内堆积的浮煤或煤巷的冒顶、垮帮等处。

2. 外因火灾

外因火灾是由外来火源引起的火灾。造成外因火灾的主要原因：①由明火引起的矿井火灾，如井下吸烟、井下使用电（气）焊、井下使用电炉和大灯泡取暖等引起易燃物着火。②电气故障引起矿井火灾，如电流短路产生的弧光、电火花、电缆放炮、设备过载运行导致设备发热等引起的火灾。③井下违章爆破引起矿井火灾，如使用变质炸药，井下放糊炮、放明炮和明火放炮，以及井下爆破不使用水炮泥、炮眼封泥量不足等都会引起火灾。④瓦斯煤尘爆炸产生的高温也会引起矿井火灾。⑤撞击火花、摩擦生热等也会引起矿井火灾。

外因火灾的特点是发生突然，来势凶猛，且发生的时间与地点往往出乎人们的意料。在某些情况下，人的惊慌失措会酿成恶性事故。同时，火灾能产生大量的有毒有害气体。造成人员中毒。煤炭燃烧会产生一氧化碳、二氧化碳、二氧化硫、烟尘等。另外，井下坑木、橡胶类物品、聚氯乙烯制品等燃烧时，不仅会产生一氧化碳气体，同时还会产生醇类、醛类以及其他一些复杂的有机化合物等有毒有害气体。这些气体会随风流在井下扩散，有时会波及很大的范围甚至全矿井，从而造成大量人员中毒伤亡。据国内外资料统计，在矿井火灾事故中95％以上的遇难人员是死于有毒气体中毒。

火灾易引起瓦斯、煤尘的爆炸。火灾引起瓦斯、煤尘爆炸的原因，一是火灾为瓦斯、煤尘爆炸提供了引爆火源。二是由于火灾的作用，一些燃烧物在干馏的作用下，会释放出一些可燃性和可爆性气体，增加了爆炸的危险性。矿井火灾与瓦斯煤尘爆炸，互相作用，互相转化。

在由明火引起的矿井火灾中，最需要注意的就是井下吸烟。吸烟本来是人们日常生活中极为平常的小事，但是，如果在矿井下吸烟，就有可能是引发事故的大事，如果这时矿井内瓦斯积聚过量，吸烟就会引起瓦斯燃烧爆炸，不仅会伤害自己，而且会伤害到他人。类似井下吸烟导致瓦斯爆炸的事故案例有很多，教训深刻。

事故案例一：瓦斯积聚人员违章吸烟导致瓦斯爆炸事故

1992年8月1日夜间，晋城市泽州县一家村办煤矿，由于晚上全矿停电，以局扇代替主扇的扇风机停止运转。8月2日凌晨4点半，跟班技术员兼带班长祁某先到电工房找到电工让其发了电，然后组织当班工人工作，之后就带领19名工人入井。因矿井停电，井下停风时间超过6 h，致使生产区域瓦斯积聚达到燃烧浓度，这时偏偏有一名工人违章打火吸烟引起瓦斯燃烧，导致重大瓦斯燃烧事故，造成4人死亡，2人重伤。

事故案例二：井下人员违章吸烟导致局部瓦斯爆炸事故

1994年7月6日9时10分许，山西省临汾地区蒲县马驹沟煤矿，由于该矿主扇时开时停，通风系统不完善，局部扇风机安装位置不合理，事故前工作面至少有19 h处于无风状态，造成六顺槽瓦斯积聚，达到爆炸浓度。这时井下作业人员违反安全规定在井下吸烟，产生明火，导致局部瓦斯爆炸事故，造成6人死亡，1人重伤，3人轻伤。

事故案例三：偷带烟火下井把自己严重烧伤的事故

湖南省桑植县某煤矿矿工王某，烟瘾很大，下井作业的时候，经常违章将烟藏于隐蔽处带入井下。1997年12月6日下午3时左右，王某又偷偷带着香烟下井。按照工作安排，王某和另外两名工人先通风再采煤。因为最近一段时间采区内通风状况不佳，工作时感觉呼吸困难，3人经过1个多小时的疏通风路，发现风路一时还不能畅通。为不耽误采煤的产量，3人决定在无风状态下采煤。在采煤过程中，烟瘾难忍的王某掏出打火机点烟，就在王某打燃打火机的一瞬间，火花引起了煤与瓦斯燃烧，王某与另外两名工人当即被烧伤。经医院全力抢救，王某的生命虽然从死亡线上被救了回来，但是由于伤势严重，成为生活无法自理的残疾人。

四、煤矿水害的伤害

近几年来，我国煤矿突水事故有增无减，严重威胁着广大矿工的生命安全。

造成矿井突水的水源主要有地表水、地下含水层、老空水、断层导水、岩溶陷落柱水等。矿井发生水灾事故的原因归纳起来主要有三个方面，一是自然因素，二是技术原因，三是人的行为。

1. 自然因素

我国大多数煤矿水文地质条件极为复杂，可预见的与不可预见的水文地质构造较多。特别是我国石炭纪地质年代生成的煤田，其煤系地层的底部是奥陶纪充水石灰岩，它厚度大（800 m左右）、含水丰富、压力高，一旦发生突水，必然造成恶性事故。另外，我国煤炭开采历史悠久，煤田中古窑、小井星罗棋布，且又无史料记载，现代勘察难以掌握其准确位置，煤矿生产中一旦接触它们，很可能会造成事故。

2. 技术原因

我国煤矿生产开始较早，但真正发展起来还是在新中国成立以后，特别是改革开放以后，我国煤矿得到了迅速发展。时至今日，无论是煤炭产量，还是煤炭数量均居世界第一。经过多年的发展，我国煤矿生产技术有了很大进步，国有煤矿近80%实现了机械化。同时，煤矿防灾抗灾能力也逐渐得到增强。但是，不能不看到，我国煤矿整体技术水平并不高，特别是一些乡镇煤矿现在仍在使用原始落后的开采方法进行生产，不仅生产落后，安全也无保证。在矿井防治水上无技术可言，甚至连基本的防治手段都不具备，不懂什么叫超前预防，遇到复杂情况难以应对。

3. 人的行为

人的行为是导致矿井发生水害的重要原因之一。其原因是：人们对水害的认识程度不够；业务人员技术水平不高；经营者只顾眼前利益，乱采乱掘，忽视安全，防治水投资不足；从业人员以及管理人员不懂水害规律，不知透水预兆，有的即便发现了透水预兆，但存有侥幸心理，冒险作业等，这些都是造成矿井水灾事故的原因。

五、煤矿顶板事故的伤害

矿山冒顶事故是指由地压引起巷道和采场的顶板垮落引发的事故。在煤矿井下生产过程中的五类自然灾害中，冒顶事故占的比重最大。世界主要产煤国家的统计资料表明，冒顶事故占井下事故总数的50％以上。煤矿井下冒顶事故频繁，危害十分严重，首先是威胁井下人员生命安全，其次是冒顶能压垮工作面，造成全工作面停产，影响生产作业。

在井下顶板事故中，回采工作面首先冒顶事故最多（占冒顶总数的75％以上），其次是掘进工作面。然而，有针对性地采取措施，加强顶板的科学管理，绝大多数冒顶事故是可以预防的。按照顶板一次冒落的范围及造成伤亡的严重程度划分，常见顶板事故可分为两大类：大冒顶事故和局部冒顶事故。

顶板事故是煤矿生产中最常见的一种事故，它不仅发生率高，而且危害性大，每年我国煤矿因顶板事故造成的伤亡人数十分惊人。因此，矿工在煤矿生产中，一定要坚持执行必要的制度，如敲帮问顶制度、验收支架制度、岗位责任制度、金属支架检查制度、交接班制度、顶板分析制度等，注意做好顶板管理工作，以防止和减少顶板事故的发生。

六、煤矿爆破事故的伤害

井下爆破是煤矿普遍采用的一种生产工艺，不仅广泛用于采煤工作面，而且也是巷道掘进的主要手段。我国煤矿因爆破引发的生产安全事故时有发生，如爆破崩人，炮烟熏人，爆破引起瓦斯、煤尘爆炸事故，爆破引起矿井火灾等。

井下爆破工艺主要包括打眼、装药、封孔、连线、爆破等工序。由此可见，井下爆破是一个较为复杂的过程，它工序多、时间长、要求高，也易发生事故。所以，它的每一道工序都必须严格按照规定和要求进行操作，来不得半点马虎。

为防止炮烟熏人，爆破后，现场人员不要顶烟进入工作面，否则很容易造成炮烟中毒。这是因为炮烟中含有大量的有毒有害气体，其主要成分是二氧化氮，人吸入后很容易造成中毒。如 1972 年，河北省某煤矿在煤层掘进巷道时，由于爆破后工人们立即迎着炮烟进入工作面，致使在该工作面工作的工人 3 天内连续死亡 2 名青年工人，且都是下班回宿舍休息，次日早上被发现的。事后经诊断，死者都是因为吸入了大量炮烟造成中毒、引起肺水肿而死亡的。由此可见，顶烟进入工作面是非常危险的。所以，爆破后一定要等炮烟吹净后再进入工作面工作，以确保人身安全。

七、煤矿井下触电的伤害

煤矿井下发生触电事故的主要原因：

1. 高压电网触电事故的主要原因：①带电清扫，带电检查，带电搬运，带电作业；②没有工作票，没有安全措施，没有执行高压电网作业中停电、验电、放电等规程和要求；③误操作，误停、送电，错误辨认开关和电缆，没有执行作业监护制度，没有悬挂“有人工作，禁止送电”作业牌；④没有设置高压漏电保护装置。

2. 低压电网触电事故的主要原因：①违章带电安装，带电检修，带电检查；②不执行停送电制度，误停、送电；③用电安全技术管理有漏洞，如设备及电缆漏电，保护装置失灵而没有及时修理或更换。

3. 直流触电事故的原因：①架线高度低，不符合《煤矿安全规程》的要求；②带电修理电机车集电弓；③工人违章乘坐矿车；④矿车掉道后，使用长铁器处理时触及架线；⑤工人在有架线的巷道里扛钎子、管子等触及架线；⑥架线漏电或没有装设保护装置。

防止发生触电伤害事故的措施主要有：

1. 井下不得带电检修、搬迁电气设备、电缆和电线。检修搬迁前，必须切断电源；检查瓦斯只有当工作地点的瓦斯浓度低于1%时，再验电（用与电源电压相适应的验电笔）；确认无电后，进行导体的对地放电；所有开关的闭锁装置必须可靠，防止擅自送电，擅自开盖操作；悬挂“有人工作，禁止送电”字样的警示牌；工作结束后，检查无误，执行该项工作的人员才有权取下警示牌送电。

2. 操作井下电气设备必须遵守下列规定：非专职人员或非值班电气人员不得擅自操作电气设备。操作高压电气设备主回路时，操作人员必须戴绝缘手套，并穿电工绝缘靴或站在绝缘台上。手持式电气设备的操作手柄和工作中必须接触的部分必须有良好的绝缘。普通型携带式电气测量仪表，必须在瓦斯浓度1%以下的地点使用并实时监测使用地点的瓦斯浓度。操作电气设备要有工作票和施工措施；停、送电的操作，要根据书面申请或其他可靠的联系方式，由专职电工执行。

3. 加强对电气设备、供电线路的管理。电气设备安装使用合理，各种保护装置严禁甩掉不用；电缆线路不准有“鸡爪子，羊尾巴，明接头”；对地绝缘电阻符合要求，巷道内的电缆，沿线每隔一定的距离，拐弯或分支点以及连接不同直径电缆的接线盒两端、穿墙电缆的两边都应设置注有标明用途、电压和截面积的标志牌。

4. 防止人身接触或接近带电体。将电气设备裸露带电部分安装到一定的高度。如《煤矿安全规程》第 356 条规定了井下电机车架空线的悬挂高度：在行人的巷道内、车场内以及人行道与运输巷道交叉的地方不小于 2 m，在不行人的巷道内不小于 1.9 m；井底车场内，从井底到乘车场不小于 2.2 m。容易碰到的，裸露的带电体及机械外露的转动部分必须加装护罩或遮栏等防护设施。各种电气设备的导电部分和电缆接头都必须封闭在坚固的外壳中，并保证闭锁装置完好。

5. 对人员经常接触的电气设备，采取降低工作电压的方法。如井下照明、信号、电话、手持式电气设备额定电压都不超过 127 V；控制回路电压，不超过 36 V。

6. 井下电气设备采用保护接地。

7. 设置完善可靠的漏电保护系统，一旦发生人身触电事故，立即切除电源，保证人身安全。

八、煤矿窒息伤害

我国大多数煤矿为地下开采，煤矿井下空气稀薄，氧含量低，不适宜人的生存。同时，在煤矿生产过程中，还会有许多有毒有害气体产生。这些气体不仅会使井下空气中的氧含量降低，易造成人的窒息和中毒，而且其中大多数气体还具有爆炸性。

1. 煤矿井下空气的组成

地面新鲜空气进入煤矿井下后由于受到井下各种自然因素和生产过程的影响，其成分和质量都会发生一些变化，如氧含量降低、有毒有害气体浓度增高等。煤矿井下空气中除含有大气中所含有的氧气、氮气和二氧化碳外，还有甲烷、一氧化碳、二氧化碳、二氧化氮、硫化氢、二氧化硫、氢气、氨气等一些气体的存在。这些气体不但无助于人的呼吸，反而对人体产生伤害。同时，它们中的大多数气体还具有爆炸性。

由于矿井空气质量的好坏对人的身体健康乃至矿井安全都有着重要的影响，所以我国《煤矿安全规程》对矿井空气中的主要气体的浓度都作出了明确的规定，同时要求井下采掘工作面进风流中的氧气浓度不得低于20%，二氧化碳浓度不得超过0.5%。

2. 矿井空气中常见的有毒有害气体

煤矿井下空气中有毒有害气体的种类较多，但常见的主要有一氧化碳（CO）、硫化氢（H_2S）、二氧化氮（NO_2）、二氧化硫（SO_2）等。

3. 矿井气候及影响

矿井气候是指矿井空气的温度、湿度和风速的状况。矿井气候条件的好坏对井下作业人员的身体健康和劳动安全有较大影响，因此，《煤矿安全规程》规定，井下采掘工作面的最高温度不得超过26℃，机电硐室的最高温度不得超过 30℃。采掘工作面的最低风速不得小于 0.25 m/s，最高风速不得大于 4 m/s 等。

因此，为了保证井下安全生产，就需要采取（例如通风）措施，源源不断地为井下输送新鲜空气。矿井通风就是利用矿井通风机来促使井下空气流动。矿井通风的目的是：①为井下人员提供新鲜空气；②稀释和排除井下有毒有害气体和矿尘；③为井下创造良好的气候条件；④提高矿井的抗灾害能力。

九、煤矿粉尘的产生及危害

矿井粉尘又叫矿尘，它是煤矿在生产过程中所产生的各种细散状的固体颗粒。这些粉尘根据岩性不同一般分为煤尘和岩尘。悬浮于空气中的矿尘称为浮尘；沉落下来的矿尘称为落尘。煤矿生产的多数作业都会不同程度地产生粉尘。如井下爆破、采掘机械截割煤、煤炭提升运输、装载、回柱放顶等生产的各个环节，都会产生大量的粉尘。其中采掘工作面产生量最高，可占井下产尘量的 70%～80%；其次是运输系统的各转载点。所以，生产中我们要注意做好这些重点部位的防尘工作。

粉尘的主要危害：

1. 粉尘易使矿工患尘肺病

尘肺病是煤矿职业病中最严重、患病人数最多的一种疾病，一旦患病很难治愈。在我国煤矿中每年因尘肺病造成的死亡人数十分惊人。但尽管如此，由于尘肺病发病比较缓慢，病程又长，所以在煤矿生产建设中往往不被重视。尘肺病主要是以肺部纤维化组织增生为主要特征的肺部病变。它一般分为硅肺病、煤硅肺病和煤肺病。硅肺病主要是因吸入过多岩尘导致的，而煤肺病则是因吸入过量煤尘而患的一种疾病。由此可见，做好防尘工作是预防尘肺病的关键所在。

2. **煤尘爆炸**

我们知道，块状的煤炭只能燃烧不会发生爆炸。为什么当煤炭被粉碎形成煤尘后就会爆炸呢？这是因为当煤炭被粉碎形成煤尘后其表面积得到了大大增加，其与氧气发生反应的能力显著增强。煤尘与氧气发生反应，就会迅速释放出大量的可燃可爆性气体。当这些气体达到一定浓度时，遇到火源就会发生燃烧或爆炸。特别是当空气中有瓦斯存在时更容易引起煤尘的爆炸。

第三节　煤矿事故的应急处置与救治

一、煤矿事故的报告

煤矿企业发生伤亡事故后，现场人员要立即将情况报告给企业负责人或有关主管人员。煤矿负责人或有关主管人员接到事故信息后，必须向当地人民政府、煤炭管理部门和当地煤矿安全监察办事处（站）报告，并在24 h内写出事故快报报上述部门。

事故快报应当包括以下内容：矿井基本情况；事故发生的时间、地点、单位、伤亡人数、直接经济损失初步估计；事故简要经过；事故发生原因的初步判断；事故发生后采取的措施及事故控制情况。

二、煤矿灾害自救装备和设施的使用

1. 自救器的使用

自救器是一种小型的供矿工随身携带的自救装备，分为过滤式自救器和隔离式自救器两种。入井人员必须随身携带自救器，具有煤与瓦斯突出危险的矿井的入井人员必须携带隔离式自救器。自救器要避免摔落、碰撞，禁止当座凳使用。

2. 自救器的类型

（1）过滤式自救器。过滤式自救器的工作原理是把一氧化碳氧化成二氧化碳。它只能使用于氧气浓度不小于18%，一氧化碳浓度不大于15%，环境温度为25℃，相对湿度在90%以上，呼吸量为30 mL/min的条件下，并只能使用一次，使用时间有40 min和60 min两种。使用中要注意：佩戴过滤式自救器时，如果空气中一氧化碳浓度达到或超过0.5%，呼气时会有干、热的感觉，这是正常现象；撤离灾区时，不能跑，呼吸要均匀，禁止狂奔和取下鼻夹口具或通过口具讲话。

（2）隔离式自救器。常见的隔离式自救器有化学氧自救器和压缩氧自救器两种。化学氧自救器是利用生氧剂生氧供人呼吸，适用于各种环境，使用时间有20 min和40 min两种，存放期为5年。过期和不能使用的化学氧自救器，可以打开外壳，拧开启动器盖，用水充分冲洗内部的生氧药品，然后再处理，切不可乱丢内罐，以免引起火灾事故。压缩氧自救器直接把氧储存在氧气瓶中，适用于各种环境，有15 min、30 min和40 min三种。

3. 压风自救系统和避难硐室

在有煤与瓦斯突出危险的煤层采掘工作面附近爆破时，撤离人员集中地点必须设置有供给压缩空气的避难硐室或压风自救系统。工作面回风系统中有人作业的地点，也应设置压风自救系统。每个井下作业人员必须熟知安全设施的具体位置、性能和使用方法，以及使用注意事项。

三、煤矿火灾事故的应急处置与救治

1. 煤矿井下火灾的应急自救

在煤矿井下，无论任何人发现了烟雾或明火，确认发生了火灾，要立即报告调度室。火灾初起时是灭火的最佳时机，如果火势不大，应立即进行直接灭火，切不可惊慌失措，四处奔跑。

灭火应注意，要有充足的水量，应先从火源外围逐渐向火源中心喷射水流；要保持正常通风，并要有畅通的回风通道，以便及时将高温气体和蒸汽排除；用水灭电气设备火灾时，首先要切断电源；不宜用水扑灭油类火灾；灭火人员不准在火源的回风侧，以免烟气伤人。

如果火势强到无法扑灭，或者其他地区发生火灾接到撤退命令时，要组织避灾和进行自救。此时要迅速戴好自救器，有组织地撤退。处在火源上风侧的人员，应逆着风流撤退。火势小，越过火源没有危险时，处在火源下风侧的人员，可迅速穿过火区到火源上风侧；他们也可以顺风撤离，但前提是必须找到捷径，尽快进入新鲜风流中撤离。撤离时应迅速果断，忙而不乱，同时要随时注意观察巷道和风流的变化情况，谨防火风压可能造成的风流逆转。

巷道有烟雾但不大时，应戴好自救器（无自救器或自救器已超过有效使用时间时，应用湿毛巾捂住口、鼻），尽量躬身弯腰，低头快速前进；烟雾大时，应贴着巷道底和巷道壁，摸着铁道或管道快速爬出，迅速撤离。一般情况下不要逆着烟流方向撤离。在有烟且视线不清的情况下，应摸着巷道壁、支架、管道或铁道前进，以免错过通往新风流的连通出口。

在高温浓烟巷道中撤离时，应将衣服、毛巾打湿或向身上淋水进行降温，利用随身物品遮挡头面部，防止高温烟气刺激等。无法撤离灾区时，应迅速进入避难硐室，或者就近找一个硐室或其他较安全的地点进行避灾自救，等待救援。

如因灾害破坏了巷道中的避灾路线指示牌、迷失行进方向时，撤离人员应朝着有风流通过的巷道方向撤离。在撤离沿途和所经过的巷道交叉口，应留设指示行进方向的明显标志，以提示救援人员的注意。

在唯一的出口被封堵而无法撤退时，应在现场管理人员或有经验的老工人的带领下进行灾区避灾，以等待救援人员的营救。进入避难硐室前，应在硐室外留设文字、衣物、矿灯等明显标志，以便于救援人员及时发现，前往营救。入硐室后，开启压风自救系统，可采取有规律地敲击金属物、顶帮岩石等方法，发出呼救联络信号，以引起救援人员的注意，指示避难人员所在的位置。积极开展互救，及时处理受伤和窒息人员。

2. 煤矿火灾事故的现场救护

煤矿进风井口、井筒、井底车场、主要进风道和硐室发生火灾时，为抢救井下人员，应采取反风或风流短路措施。反风前，必须将原进风侧的人员撤出，并采取阻止火灾蔓延的措施。采取风流短路措施时，必须先将受影响区域内的人员全部撤离。多台主要通风机联合通风的矿井反风时，抽出式矿井要保证非事故区域的主要通风机先反风，事故区域的主要通风机后反风。压入式矿井正好相反。瓦斯矿井应采取正常通风的方式，如必须反风或风流短路时，指挥部应分析反风或风流短路后风流中瓦斯变化情况，防止引起瓦斯爆炸。

进风的下山巷道着火时，必须采取防止火风压造成风流紊乱和风流逆转的措施。改变通风系统和通风方式前，必须确保这样做有利于控制火风压。灭火中只有在不致使瓦斯很快积聚到爆炸危险浓度，且能使人员迅速退出危险区时，才能采取停止通风的方法。

用水或注浆的方法灭火时，应将回风侧人员撤出。向火源大量灌水或从上部灌浆时，严禁在靠近火源的地点进行作业。用水快速淹没火区时，密闭附近不得有人。

为使遇险人员能够在火灾紧急条件下迅速脱离危险，煤矿企业必须做好以下准备：编制井下各工作点火灾逃生路线图，并组织井下职工学习井下火灾逃生路线和方案；井下工作人员必须携带自救器，并掌握其佩戴方法；井下每隔一定距离配备一定的突发性火灾灭火设备、通风和通信联络装备；调度室工作人员应掌握火灾应急逃生、救灾知识，以便接到火灾求助电话时能在第一时间向遇险人员提供正确的逃生方案指导。

四、煤矿瓦斯爆炸事故的应急处置与救治

1. 煤矿瓦斯爆炸的应急处置

煤矿井下一旦发生瓦斯爆炸事故，现场班队长、跟班

干部要立即组织人员正确佩戴好自救器，引领人员按避灾路线到达最近新鲜风流中，第一时间向矿调度室报告事故地点、现场灾难情况，同时向所在单位值班员报告。

安全撤离时要正确佩戴好自救器，快速撤离，但不能慌乱，尽量低行。

在撤离途中听到或感觉到爆炸声或有空气震动冲击波时，应立即背向声音和气浪传来的方向，脸向下，双手置于身体下面，闭上眼睛，迅速卧倒，头部要尽量放低，有水沟的地方最好躲在水沟边上或坚固的掩体后面，用衣服遮盖身体的裸露部分，以防火焰和高温气体灼伤皮肤。

在瓦斯爆炸事故中，永久避难硐室是遇险人员无法撤出或一时难以撤离灾区时，供遇险人员暂时避难待救的场所。永久避难硐室避灾法在瓦斯爆炸时能够起到较好的避灾效果，但由于避难硐室空间比较狭小，容纳人员有限，且随着工作面的不断向前推进，避难硐室距离工作面也越来越远，因此，遇险人员在碰到瓦斯爆炸事故时很难及时到达避难硐室。

在瓦斯爆炸事故后，遇险人员一时难以沿着避灾路线撤出灾区或难以迅速到达避难硐室时，应立即佩戴自救器，到附近的、掘进长度较长的、有压风管路且瓦斯爆炸前正常通风但事故时断电停风的掘进独头巷道（临时避难硐室）内避灾，等待矿山救护队的救援。临时避难硐室避灾法同样具有较好的井下避灾作用，能够给众多遇险人员提供避难场所，有利于瓦斯爆炸事故应急救援工作的展开。

2. 处置瓦斯爆炸事故的注意事项

遇险人员要知道，佩戴自救器呼吸时会感到稍有烫嘴，这是正常现象，不得取下口具和鼻夹，以防中毒。

救援队员救援时必须佩戴呼吸器，必须检查灾区有无火源，避免再次引发爆炸的危险。

救援队员进入灾区探险或救人时要时刻检查氧气消耗量，保证有足够的氧气返回。

抢险救援期间不得停止井下压风，以供灾区人员呼吸。

掘进工作面发生爆炸或火灾时，正在运转的局部通风机不可随意停止，对已停运的局部通风机不得随意启动。

五、煤矿透水事故的应急处置与救治

井下一旦发生透水事故，应以最快的速度通知附近地区工作人员一起按照规定的避灾路线撤出。现场班队长、跟班干部要立即组织人员按照避水路线安全撤离到新鲜风流中。撤离前，应设法将撤离的行动路线和目的地告知调度室，到达目的地后再报调度室。

要特别注意“人往高处走”，切不可进入低于透水点附近下方的独头巷道。由于透水时，来势很猛，冲力很大，现场人员应立即避开出水口和泄水流，躲避到硐室内、巷道拐弯处或其他安全地点。情况紧急、来不及躲避时，可抓牢棚梁、棚腿或其他固定物，防止被水打倒或冲走。在存在有毒、有害气体危害的情况下，一定要佩戴自救器。

人员撤出透水区域后，应立即将防水闸门紧紧关死，以隔断水流。在撤离行进中，应靠巷道一侧，抓牢支架或其他固定物，尽量避开压力水头和泄水主流，要防止被流动的矸石、木料撞伤。如巷道中照明和路标被破坏，迷失了前进方向，应朝有风流的上山方向撤离。在撤离沿途和所经过的巷道交叉口，应留设指示行进方向的明显标志。从立井梯子向上爬时，应有序进行，手要抓牢，脚要蹬稳。

在唯一的出口被封堵无法撤离时，应在现场管理人员或有经验的老师傅的带领下进行避灾，等待救援人员的营救，严禁盲目潜水等冒险行为。

当避灾处低于外部水位时，不得打开水管、压风管供风，以免水位上升。必要时，可设置挡墙或防护板，阻止涌水、煤矸和有害气体的侵入。避灾处外口应留衣物、矿灯等作为标志，以便营救人员发现。

重大水害的避难时间一般较长，应节约使用矿灯，合理安排随身携带的食物，保持安静，尽量避免不必要的体力消耗和氧气消耗，采用各种方法与外部联系。长时间避难时，避难人员要轮流担任岗哨，注意观察外部情况，定期测量气体浓度，其余人员均静卧保持精力。避难人员较多时，硐室内可留一盏矿灯照明，其余矿灯应关闭备用。在硐室内，可有规律地间断地使用敲击金属物、顶帮岩石等方法，发出呼救联络信号，以引起救援人员的注意，从而指示避难人员所在的位置。在任何情况下，所有避难人员都要坚定信心，互相鼓励，保持镇定的情绪。被困期间断绝食物后，即使在饥渴难忍的情况下，也应努力克制自己，不嚼食杂物充饥，尽量少饮或不饮不洁净的水。需要饮用井下水时，应选择适宜的水源，并用纱布或衣服过滤，以免造成身体损伤。

长时间避难后得救时，不可吃硬质和过量的食物，要避开强烈的光线，以免刺伤眼睛。

六、煤矿冒顶事故的应急处置与救治

1. 冒顶事故应急处置

冒顶事故一般是有预兆的。井下人员发现冒顶预兆时，应立即进入安全地点避灾。如来不及进入安全地点，要靠煤壁贴身站立（但应防止片帮），或到木垛处避灾。

现场班队长、跟班干部要根据现场情况，判断冒顶事故发生的地点、灾情、原因、影响区域，进行现场处置。如无第二次大面积顶板动力现象时，立即组织对受困人员进行施救，防止事故扩大。

现场救援人员必须在保证巷道通风、后路畅通、现场顶帮维护好的前提下施救。施救过程中，必须安排专人进行顶板观察、监护。当出现大面积来压等异常情况或通风不良、瓦斯浓度急剧上升有瓦斯爆炸危险时，必须立即撤离到安全地点，等待救援。

在巷道掘进施工时，应经常检查巷道支架、顶板情况，做好维护工作，防止发生前面施工，后边“关门”的堵人事故。一旦被堵，则应沉着冷静，同时维护好冒落处和避灾处的支护，防止冒顶进一步扩大，并有规律地向外发出呼救信号，但不能敲打威胁自身安全的物料和岩石，更不能在条件不允许的情况下强行挣扎脱险。若被困时间较长，则应减少体力消耗，节水、节食和节约矿灯用电。若有压风管，应用压风管供风，做好长时间避灾的准备。

抢救被煤和矸石埋压的人员时，要首先加固冒顶地点周围的支架，确保抢救中不再次冒落，并预留好安全退路，保证营救人员自身安全，然后采取措施，对冒顶处进行支护，在确保煤、矸不再垮塌的安全条件下，将遇险人员救出。扒人时，要首先清理遇险人员的口鼻堵塞物，畅通呼吸系统。禁止用镐刨煤、矸，小块要用手搬，大块应采用千斤顶、液压起重气垫等工具，绝不允许用锤砸。

对现场受伤人员应根据实际情况开展救助工作，对于轻伤者应现场对其进行包扎，并抬放到安全地带；对于骨折人员不要轻易挪动，要先采取固定措施；对于出血伤员要先止血，等待救援人员的到来。

除救人和处理险情等紧急情况外，一般不得破坏现场。

2. 冒顶事故的救护

发生冒顶事故后，抢救人员时，用呼喊、敲击或采用生命探测仪探测等方法，判断遇险人员所在的位置，与遇险人员保持联系，鼓励他们配合抢救工作。在支护好顶板的情况下，用掘小巷、绕道通过垮落区或使用矿山救护轻便支架穿越垮落区的方法接近被埋、被堵人员。一时无法接近时，应设法利用压风管路等提供新鲜空气、饮料和食物。

处理冒顶事故中，应指定专人检查瓦斯和观察顶板情况，发现异常，立即撤出人员。

☆事故案例

事故案例一：山西省乡宁县某煤矿瓦斯爆炸重特大事故

1. 事故经过

1997 年 4 月 9 日早上 6 时 50 分，山西省临汾地区乡宁县某煤矿发生一起瓦斯爆炸重特大事故，造成 26 人死亡、2 人重伤，死伤惨重，直接经济损失约 98 万元。

4 月 9 日凌晨 1 时，该矿 8 日二班工人下班，凌晨 2 时，主扇停止运转。凌晨 4 时 30 分，主扇开启供风至 5 时许，因停电而停止运转。早上 6 时，在未检查瓦斯和没有召开班前会的情况下，总带班长范某安排一班 63 名工人入井到各自工作地点作业。其中：201 掘进巷 11 人，二盘区 52 人。随后，工人陆续入井。6 时 50 分，各工作地点的工人有的到岗开始作业，有的正在上岗途中，井下二盘区的工人，突然听到 201 掘进巷“轰”地响了一声，紧接着又是“轰”的一声巨响，并看见从巷道内冒出一股黑烟，这时有人急忙喊了一声“瓦斯爆炸了，赶快跑”。尔后，井下幸存的工人立即自行往外跑，共有 38 人从接替井跑出，其中：3 人受重伤，送医院后 1 人经抢救无效死亡。9 时 50 分，临汾地区矿山救护队赶到现场，连续奋战 38 h，将井下遇难的 26 人全部找到搬运出井。

2. 事故原因分析

造成这起事故的直接原因：该矿 201 掘进巷两处与邻矿采空区打通，瓦斯涌出量增大，供风的局扇连续 6 天未开，加之主扇 4 月 9 日停风长达近 4 h，造成瓦斯大量积聚，达到爆炸浓度。工人装炮用煤块充填炮眼，放炮产生火焰引燃瓦斯，在距工作面 40 m 处引起爆炸。

造成事故的间接原因：矿井通风、瓦斯、煤尘管理混乱，通风系统不合理，通风设施不健全，不测风，主扇停产停开，局扇时停时开，井下多处与邻矿贯通，密闭不严，跑风、漏风严重，工作面长期微风、无风作业；专职瓦检员不足，不按照规定检查瓦斯，空班漏检，瓦检仪数量不够且药品失效、漏气；矿井没有有效的防尘措施，井下积尘严重。

3. 事故教训与防范措施

（1）全面落实“一通三防”、齐抓共管的责任制，切实加强通风瓦斯管理。通风系统要合理，通风设施要完善，主扇工作制度要严格，局扇安设位置要适当，严格执行以风定产、以风限面的规定，严禁停产停风，严禁井下无风、微风、循环风、扩散风和不合规定的串联风，保证主扇供风量不低于井下局扇的总需风量；矿井要进行瓦斯等级鉴定，配齐专职瓦斯员，严格瓦斯检查制度，坚决杜绝空班漏检；采空区盲巷要及时封闭。

（2）加强机电设备管理，建立健全防爆设备下井前的检查验收制度和井下电气设备定期检查维修制度，完善井下各种保护装置，坚决消灭井下各种电气设备的失爆现象。

（3）认真贯彻执行各项规章制度，各类煤矿必须配齐自救器，入井人员要佩戴自救器，否则不准入井；全面推广使用矿灯报警仪和便携式瓦检仪；进一步强化职工安全培训教育，坚持不培训不入井，做到持证上岗，提高职工的安全技术素质和自保能力，杜绝“三违”行为。

事故案例二：不听劝告进“落山”冒顶压死安全员事故

1. 事故经过

1998 年 9 月 25 日零点班，山西某煤业集团公司所属永胜煤矿在生产过程中，安全员郑某与 23 名工友在该矿东区九号回采洞作业。凌晨 1 时许第一茬炮放过后出了 40 车煤。大约 4 时左右，跟班队长侯某到回采洞工作面看了一下落山情况，发现有两块 80 cm 左右的大炭块没有被清理出去，侯某便安排用耙岩机耙斗打碎再装车，并提醒工人们说：“千万不要进落山里，那是危险区。”当侯某到别处检查后，4 时 30 分，安全员郑某来到了耙岩机处。郑某问耙岩机操作员康某：“煤还有多少，我要进去看看。”康某说：“煤还不少，又塌下大块，正处理呢，你先不要进落山！”郑某说：“那么大的块不砸碎能耙出来？”还生气地用教训的口吻说：“你的毛病真不少，我下井二十多年了，还没见到过你这种胆小的人！快停机。”康某去停机，这时郑某钻进了落山里。大约过了 2～3 min，听到里边有响声，紧接着顶板塌下来，将钻入工作面以里 4 m 多处的郑某当场砸住，现场人员急忙对他进行抢救，但是郑某因颅顶穿透，抢救无效死亡。

2. 事故原因分析

造成事故的直接原因：郑某违章冒险作业，而且不顾别人的提醒和劝告，进入危险区域，导致冒顶事故发生后被砸身亡。

造成事故的间接原因：现场施工管理混乱，未按规定的操作程序作业，作业人员的安全意识不强，冒险作业。

3. 事故教训与防范措施

（1）事故发生后，该矿认真分析事故教训，加强职工的安全教育，提高职工素质，特别是严格现场作业的安全管理，坚决查处违章行为。

（2）进一步修改和完善工作面作业规程，加强工作面质量验收制度，严把验收关；坚持各级领导入井检查制度，做到管理在现场，发现问题在现场，处理问题在现场。

讨论题：

1. 我国煤矿生产的特点是什么？
2. 入井作业人员佩戴与携带物品须知有哪些？
3. 煤矿瓦斯的性质及特点有哪些？
4. 矿井火灾按照发火原因有哪几种？各有什么特点？

5. 为什么煤矿井下不允许吸烟？

6. 发生煤矿事故应该如何报告？

7. 自救器有哪些类型？为什么需要随身携带自救器？

8. 发生矿井火灾事故应该如何进行处置？

第三章　金属非金属矿山意外伤害与救治

金属非金属矿山（又称非煤矿山）企业是指除煤矿、煤系硫铁矿以及与煤共生伴生矿山、石油矿山以外的所有矿山企业。我国金属非金属矿山点多面广，是重要的基础性产业之一。据统计，目前全国约有非煤矿山 10 万座，其中金属矿山 1 万座，非金属矿山 8 800 座，其他非煤矿山 1 900 座。做好金属非金属矿山安全生产工作，不仅关系到作业人员的生命安全，而且还关系到社会的稳定和矿业经济的健康发展。

第一节　金属非金属矿山生产与事故特点

一、金属非金属矿山的生产特点

金属非金属矿山开采分为露天开采与井工开采，属于综合性的技术行业，涉及地质、采矿、通风、运输、安全、机械和电气、爆破、环境保护及企业管理等多方面内容。与其他行业相比，采矿业劳动强度大，作业条件差，不安全因素多，工作场所及工作本身都具有一定的危险性。井下生产工作空间狭窄，井下有毒有害气体、矿尘、火灾、水灾、顶板事故、井下爆破、机电设备等都直接威胁矿工的生命安全和身体健康。特别是乡镇矿山企业和个体采矿单位，很多都存在生产管理混乱，安全设施简陋，事故隐患多及抗灾能力极弱等问题。

我国金属非金属矿山由于开采手段相对落后等原因，使安全生产工作仍然存在很多问题，特别是小矿山安全基础差，安全投入少、技术含量低、办矿标准低、管理水平低的状况没有得到明显改善。一些个体矿主，急功近利，要钱不要命，“三违”现象严重，甚至一些非法矿山一证多井，超层越界和重叠开采。非公有制矿山事故起数和死亡人数在金属非金属矿山事故总起数和死亡总数中占有很大比例。

二、金属非金属矿山事故特点

全国矿山（煤矿与非煤矿山）每年因工死亡人数都在 9 000 人左右，其中非煤矿山每年的死亡人数为 3 000 人左右，大部分属于金属非金属矿山。事故的主要特点是：集体企业和个体、私营企业的事故起数和死亡人数所占比重大；有色金属、非金属矿采选业的事故起数和死亡人数所占比重大且明显上升。

金属非金属矿山发生事故的类型主要是坍塌、透水、冒顶片帮和物体打击等。发生这些事故的主要原因为：大量的中小型非煤矿山企业无证开采、非法经营，片面追求经济利益，根本不具备基本的安全生产条件；有些企业尤其是私营、个体企业，片面追求经济效益，忽视安全投入，加之大量矿山从业人员未经过上岗前的安全培训，冒险蛮干；安全生产法规建设跟不上新形势的发展需要，现有安全法规对大量涌现的非公有制企业显得软弱无力。

三、露天矿山开采的优点与缺点

露天开采与地下开采相比，有以下突出优点：

1. 受开采空间限制小，可采用大型机械设备，劳动生产率高，作业条件好，机械化程度高。

2. 生产成本低。露天开采的成本一般比地下开采低50％～75％，因而有利于大规模开采低品位矿石。

3. 建设速度快，单位矿石基建投资较低。我国大中型露天矿基建一般需要3～4年，而大型的地下矿基建时间需要7～10年。一般大型露天矿单位矿石基建投资比地下矿要低1～3倍。

露天开采的主要缺点：对矿床的埋藏条件要求严。埋藏较深的矿床，露天开采范围受到限制。并且占用土地多，地表受到破坏，污染环境。此外，受气候影响大。如严寒、冰雪、酷热和暴雨等对露天开采有一定影响。

四、露天矿山开采的主要危害

露天矿山的主要意外伤害有：

1. 爆破作业造成的意外伤害

爆破作业中有较多的不安全因素，包括爆破准备、药包加工、装药、起爆、爆后检查等。爆破地震波、冲击波、飞石可产生对人体及建筑物的危害，早爆和盲炮处理可引起大的安全事故。

2. 机械运行造成的意外伤害

穿孔机、潜孔钻、牙轮钻行走作业时，由于露天作业条件恶劣可引发各种安全事故。还存在电铲作业时机械室内、电铲作业范围内、电铲向汽车装载、作业台阶岩块悬浮倒挂、盲炮等不安全因素。

3. 交通运输造成的意外伤害

露天矿铁路运输中撞车、脱轨、道口肇事，行驶过程的制动，调车时的摘挂车等均可引发事故。矿用汽车运输作业时的制动失灵、夜间照明不良、路况不好、行驶过程中翻斗自起等均可造成事故。露天矿带式运输作业中，由于保护罩不当，人员靠近胶带行走等也会引起伤人事故。

4. 用电造成的意外伤害

露天矿使用的三相交流电、采场移动设备的高压胶缆，各种接地保护失灵、各类电气设备的安装检修存在不安全因素。

5. 边坡稳定及防排水造成的意外伤害

露天矿边坡的滚石、塌方、滑坡等事故对矿山生产及机械设备人身安全危害极大，凹陷露天矿由于暴雨等灾害性气候可引起采场淹没。

第二节　地下矿山开采的主要危害

一、地下矿山开采主要危害类型

金属非金属矿山的地下开采类似于煤矿的开采，但是与煤矿开采又有所不同。地下矿山开采系统主要包括以下内容：

1. 开拓工作

指从地面掘进一系列井巷达到矿床，使矿床连通地面，形成行人、运输、通风、排水、供电、供风、供水等系统。

2. **采准工作**

指在已开拓完毕的矿床里，掘进采准巷道，将阶段划分成矿块作为回采的独立单元，并在矿块内创造行人、凿岩、放矿、通风等条件。

3. **切割工作**

指在已采准完毕的矿块内，为大规模回采矿石开辟自由面和自由空间。

4. **回采工作**

回采工作包括落矿、矿石运搬和地压管理三项主要作业。

地下矿山开采导致的意外伤害，主要有爆破、火灾、水灾、顶板、中毒、尾矿库事故。

二、矿山爆破事故的意外伤害

在矿石或岩石上钻凿炮眼称为凿岩，将炸药装入炮眼，把矿石或岩石从它们的母体上崩落下来，称为爆破。井下爆破按照装药结构分为浅孔爆破、深孔（或中深孔）爆破和硐室爆破；按作业性质可分为井巷掘进爆破和采场爆破。

爆破事故在矿山伤亡事故中占有较大的比例，主要有以下类型：

1. **炸药储存保管中造成事故**

炸药库管理不善会引起爆炸事故。

2. **炸药燃烧中毒造成事故**

炸药燃烧时会放出大量有毒气体。

3. **点炮迟缓和导火线质量不良造成事故**

根据统计，点火事故在爆破事故中占有较高比例。一次点炮数目较多时仍采用逐个点火，加之导火线过短，或在水大的工作面导火线受潮，不得不一面割线一面点火，时间拖得太长，都容易引起爆炸事故。

4. 盲炮处理不当造成事故

在爆破工作中，由于各种原因造成起炸药包（雷管或导爆索）瞎火拒爆和炸药未爆的现象叫做盲炮。因误触盲炮、打残眼或摩擦振动等往往引起盲炮爆炸，造成重大伤亡事故。

5. 爆破后过早进入现场造成事故

过早进入现场会造成炮烟中毒事故。

6. 爆破时警戒不严造成事故

警戒不严或爆破信号标志不明确，以及安全距离不够，也会引发爆炸事故。

7. 早爆事故

早爆事故是指在爆破工作中，因操作不当或因受某些外来特殊能源作用造成雷管或炸药的早爆。

8. 相向掘进巷道时造成事故

当两个相向掘进的巷道即将贯通时，仍旧同时爆破，也会造成伤亡事故。

在进行爆破作业时一定要严格遵守《爆破安全规程》《金属非金属地下矿山安全规程》等有关规定，避免事故的发生。

三、矿山火灾事故的意外伤害

矿山火灾是采矿生产中的一大灾害。它不但会破坏采矿工作的正常进展，恶化井下作业条件和污染地面大气，而且还可能造成严重的人员伤亡事故，降低可采矿量，提高生产成本。

矿山火灾可分外因火灾和内因火灾两种。外因火灾（也称外源火灾）是由外部原因引起的火灾。内因火灾（也称自燃火灾）则是由矿岩本身的物理和化学反应所引起的。内因火灾燃烧的延续时间比较长，往往给井下生产和工人的生命安全造成潜在威胁。根据目前我国已开采的矿山统计，发生内因火灾的矿山，硫铁矿有20%～30%，有色金属矿或多金属硫化矿有5%～10%，特别是矿体顶板为碳质页岩的硫化矿床发火可能性较大。矿山火灾也可以按照发生位置的不同分为地面火灾、井下火灾。

相比较地面火灾，井下火灾比地面火灾危害更大，井下工人不但在火源附近直接受到火焰的威胁，而且距火源较远的地点，由于火焰随风流扩散带有大量的有毒有害和窒息性气体，使工人的生命安全受到严重威胁，往往酿成重大或特大伤亡事故。

外因火灾的发生原因主要有以下几方面：

1. 明火引起的火灾与爆炸

在井下使用电石灯照明、吸烟或无意有意点火所引起的火灾占有相当大的比例。电石灯的火焰与蜡纸、碎木材、油棉纱等可燃物接触，很容易将其引燃。

2. 爆破作业引起的火灾

爆破作业中引起火灾的直接原因可以归纳为：在常规的炮孔爆破时，引燃硫化矿尘；某些采矿方法（如崩落法）采场爆破产生的高温引燃采空区的木材；大爆破时，高温引燃黄铁矿粉末、黄铁矿矿尘及木材等可燃物；爆破产生的碳氢化合物等可燃性气体积聚到一定浓度时，遇摩擦、冲击或明火，便会发生燃烧甚至爆炸。

3. **焊接作业引起的火灾**

在矿山地面、井口或井下进行氧焊、切割及电焊作业时，如果没有采取可靠的防火措施，由焊接、切割产生的火花及金属熔体遇到木材、棉纱或其他可燃物时，便可能造成火灾。

4. **电气原因引起的火灾**

电气线路、照明灯具、电气设备的短路、过负荷，容易引起火灾。电火花、电弧及高温赤热导体极易引燃电气设备、电缆等的绝缘材料。

四、冒顶片帮事故的意外伤害

在采矿生产活动中，最常发生的事故是冒顶片帮事故。冒顶片帮是由于岩石不够稳定，当强大的地压传递到顶板或两帮时，使岩石遭受破坏而引起的。随着掘进工作面和回采工作面的向前推进，工作面空顶面积逐渐增大，顶板和周帮矿岩会由于应力的重新分布而发生某种变形，以致在某些部位出现裂缝，同时岩层的节理也在压力作用下逐渐扩大。在此情况下，顶板岩石的完整性就被破坏了：由于顶板岩石完整性破坏的结果，顶板下沉弯曲，裂缝逐渐扩大，如果生产技术和组织管理不当，就可能形成顶板岩矿的冒落。这种冒落就是常说的冒顶事故，如果冒落的部位处在巷道的两帮就叫做片帮。

冒顶片帮事故，大多数为局部冒落及浮石引起的，而大片冒落及片帮事故相对较少，因此，对局部冒落及浮石的预防，必须给予足够的重视。

1. **引发冒顶片帮事故的原因**

引发冒顶片帮事故的主要原因有：采矿方法不合理和

顶板管理不善；缺乏有效支护；检查不周和疏忽大意；浮石处理操作不当；地质矿床等自然条件不好；地压活动。

2. **冒顶前的预兆**

大多数情况下，在冒顶之前由于压力的增大，顶板岩石开始下沉，使支架开始发出断裂声，而后逐渐折断。与此同时，还能听到顶板岩石发出“啪、啪”的破裂声。随着顶板岩石的进一步破碎，在冒落前几秒钟，就会发现顶板掉落小碎石块，涌水量也逐渐增大，然后便开始冒落。特别需要注意的是，岩石在矿山压力作用下开始破坏的初期，其破碎的响声和频率都很低，常常在井下工作人员还没有听到之前，老鼠在洞里已经听到了。所以在井下岩层大破坏或大冒落之前，有时会看到老鼠“搬家”，甚至可以看到老鼠像受惊的野鸟，到处乱窜。

所以在井下工作的人员，当听到或者看到上述冒顶预兆时，必须立即停止工作，马上从危险区撤到安全地点。必须注意的是，有些顶板本来节理发育裂缝就较多，有可能发生突然冒落，而且在冒落前没有任何预兆。

五、中毒窒息事故的意外伤害

爆破是矿山生产的主要作业之一。当炸药爆炸时，除产生蒸汽和氮外，还产生二氧化碳、一氧化碳、氮氧化物等有毒有害气体，它会直接危害矿工的健康和安全，因此爆破后人员不能立即进入工作面。

1. **柴油机废气有害成分的意外伤害**

井下使用柴油动力的无轨设备能使劳动生产率大大提高，但必须消除柴油机排出的废气对矿工的危害。柴油机排出的废气以氮氧化物（主要是一氧化氮和二氧化氮）、一氧化碳、醛类和油烟四类成分含量较高。它们的毒性较大，是柴油机废气中的主要有害成分。

一氧化碳是一种性质极毒的气体，在井下各种中毒事故中它所占的比例较大。空气中一氧化碳含量过高会妨碍人体吸收氧，造成一氧化碳中毒。若经常在一氧化碳浓度超过允许浓度的环境中工作，虽然短时期内不会发生急性症状，但由于血液长期缺氧和中枢神经系统受到伤害，就会引起头痛、眩晕、胃口不好、全身无力、记忆力衰退、情绪消沉及失眠等慢性中毒。

氮氧化物。爆破后的烟尘中和柴油机废气中都有大量的一氧化氮（NO），一氧化氮是极不稳定的气体，遇到空气中的氧即转化为二氧化氮（NO_2）。二氧化氮遇水后生成硝酸，对人的眼、鼻、呼吸道和肺部都有强烈的腐蚀作用，以致破坏肺组织而引起肺部水肿。二氧化氮中毒的特点是起初无感觉，往往要经过 6～24 h 后才出现中毒征兆。即使在危险浓度下，起初也只是感觉呼吸道受刺激、咳嗽，但经过 6～24 h 后，就会出现严重的支气管炎、呼吸困难、吐黄痰、发生肺水肿、呕吐等症状，以致很快死亡。

2. 含硫矿床有毒气体的意外伤害

在开采含硫矿床的矿井里，眼和鼻会有特殊的感觉，这是因为硫化矿物被水分解产生的硫化氢和含硫矿物的缓慢氧化、自燃和爆破作业等产生的二氧化硫所引起的。

硫化氢是一种无色的气体，易溶解于水，能燃烧，极毒，能使人体血液中毒，并对眼膜和呼吸系统有强烈的刺激作用。应该注意到，硫化氢容易出现在一些老矿中。由于它的相对密度大，易溶解于水，很容易聚集在老矿的水塘中，若被搅动，就有放出的危险。

二氧化硫是无色的气体，具有强烈的烧硫磺味，易溶解于水。对眼有刺激作用，与呼吸道潮湿的表皮接触后能产生硫酸，对呼吸器官有腐蚀作用，使喉咙支气管发炎，呼吸麻痹，严重时引起肺水肿。

六、常见职业危害因素的伤害

我国金属非金属矿山常见的职业危害因素有：氮氧化物中毒、一氧化碳中毒、铅锰及其化合物中毒、硅肺、石棉肺、滑石尘肺、噪声性耳聋及由放射性物质导致的肿瘤等。另外，振动作业、高温作业等，对作业人员的伤害也较大。

1. 矿尘的危害

矿尘是矿山生产的主要灾害之一。它不仅影响矿工的身体健康，而且部分矿山的粉尘还具有爆炸性，严重威胁着矿山的安全生产。

矿尘一般指矿物开采或加工过程中产生的微小固体颗粒集合体。矿尘中游离二氧化硅（SiO_2）含量超过10%时，称为硅尘。从矿尘的存在状态讲，常把沉积于器物表面或井巷四壁之上的矿尘称为落尘，悬浮于井巷空间空气中的矿尘称为浮尘（或飘尘）。一般所说的矿尘就是指悬浮于空气中的粉尘。

在矿井下的生产过程中，矿尘的危害性主要表现在三个方面：一是对人体健康的危害。长期从事采掘工作和粉尘作业的职工，易患职业病——尘肺病。尘肺病是粉尘作业人员长期吸入微小粉尘后而引起的肺部纤维增生性疾病，一般发病较慢、病程较长，一旦患上尘肺病就很难治愈。尘肺病是金属非金属矿山生产过程中危害最大的职业病。

影响尘肺病的发病因素包括矿尘中的游离二氧化硅含量、矿尘的细微颗粒占的百分比、粉尘浓度、接尘时间等。二是在采、掘等粉尘作业环境中，若矿尘达到较高的浓度，影响视野，操作中容易造成人身事故。三是若矿尘具有爆炸性，对矿井安全生产会带来很大威胁。

因此，在井下粉尘浓度较高的环境下作业的人员需配备个体防护的防尘用具，主要包括：防尘面罩、防尘帽、防尘呼吸器、防尘口罩等，其目的是使佩戴者既能呼吸净化后的洁净空气，又不影响正常操作。

2. 噪声的危害

噪声是指人们不需要或感到厌烦，甚至难以忍受的声音。噪声一般用声强或声压大小的变化程度来衡量，单位为分贝（dB）。矿山的空压机、凿岩机等是重要的噪声源。

噪声的危害主要有：一是损伤听力，危害健康。长期在高噪声场所工作，会发生耳痛或耳鸣，还可能发生噪声性耳聋或听力丧失。此外还使人难以入睡，出现眩晕和眼球震颤，引发头痛、头晕、心悸、易疲倦、易激怒、睡眠障碍等神经衰弱综合征，心血管病及胃肠功能紊乱等。二是影响生产过程中的语言交流。强噪声影响对声音报警及其他信号的感觉和鉴别，掩蔽设备异常和事故苗头阶段的音响信号，干扰人员之间的语言交流，从而影响安全生产。三是人员在强噪声下工作，会对人员的心理造成强烈刺激，易烦躁，情绪波动，注意力分散，容易引发安全事故。因此，在噪声超标的作业环境中，应佩戴防声耳塞、耳罩和防声帽盔等防护用品。

3. 振动的危害

生产设备、工具产生的振动称为生产性振动，如矿山手持式凿岩机等作业时产生的振动。按照振动对人体作用的方式，可分为全身振动和局部振动两种。局部振动的典型表现为发作性手指发白（白指病）。患者多为神经衰弱症和手部症状。手部症状首先以手指发麻、疼痛、发胀、发凉、手心多汗、遇冷后手指发白为主，其次为手僵、手无力、手颤和关节肌肉疼痛等不适。全身振动引起的功能性改变，脱离接触和休息后，多能自行恢复。

4. 高温作业的危害

高温作业是指在生产车间及露天作业工地等作业场所，遇到高气温或存在生产性热源，其工作地点的气温等于或高于本地区夏季室外通风，设计计算温度2℃以上的作业。夏季矿山地面作业以及有地热的井下工作面，都属于高温作业场所。

高温作业危害的直接后果就是中暑。中暑是指在高温作业中发生的体温调节障碍为主的急性疾病。其原因是由于通风散热不良，使人体的热量得不到适当的散发或人体损失大量的钠盐和水分。中暑一般分为先兆中暑、轻症中暑和重症中暑三种。

第三节　金属非金属矿山事故的应急处置与救治

金属非金属矿山生产安全事故应急处置是迅速控制事态发展、降低事故损失的重要手段，需要根据事故的性质、事故类型、事故发生地点、周围环境、现有救援能力以及事故危害大小、严重程度、波及范围等实际情况，决定采取不同的处置方案、方法。

一、破坏性岩爆事故应急处置与救治

破坏性岩爆事故发生后，事故现场应立即报告企业负责人。企业负责人要迅速成立现场救援指挥部，设法通过各种通信方式联络井下各中段，弄清事故的发生地点、损害情况，制订具体应急方案，组织应急人员深入到事故发生地点，实施救援。

在供电系统正常的条件下，组织电气抢修组对各供电设备、线路进行检查，保证井下提升、通风、排水、照明等系统正常工作。

组织救护队人员到灾害严重的采场、部位，在确认无继发危险后，方可开展伤员救助和抢险活动，发现伤势特别严重人员，医疗救护小组人员应赶到井下实施救护，在抢救处理过程中，要有专人检查与监视周围顶板变化，防止再次发生冒顶事故。

对周围环境、部位组织人员进行检查，清点作业人员。尽快探明冒顶区范围和被埋、压、截堵人员的人数及可能所在的位置，并分析抢救、处理条件，制订救援方案。

在供电系统遭受破坏的情况下，应迅速恢复提升通风、供电、排水系统，保证冒顶区域的正常送风，遇险人员所在区域通风不良时必须加强通风，如一时不能恢复，则必须利用压风管、水管或打钻孔等方法向埋压或堵截区内的遇险人员输送新鲜空气。

在应急处置过程中，可由外向里加强支护，清理出抢救人员的通道，必要时可以向遇险人员处开掘专用小巷道。在抢救中如遇有大块岩石，不许用爆破法进行处理，应尽量绕开，如果威胁到遇难人员，则可用千斤顶等工具移动石块，救出遇难人员。

二、井下火灾爆炸事故应急处置与救治

井下发生火灾、爆炸事故，应立即采取以下措施进行应急处置：迅速组织作业人员沿规定路线及时撤离火场，组织升井；如撤退路线已被火烟隔断时，应尽快构筑临时避难室；查清事故发生的地点、后果严重程度，清点人员及伤亡情况；派遣救援人员戴好自救器，深入井下事发地点进行灭火，封锁相关区域和通道；立即解决井下送风和控制风流问题；在井下通风条件有所改善，有毒有害气体减少的情况下，组织救援人员下井，抢救受伤人员；采用正确有效的救火方法进行井下灭火；确认火灾已经熄灭才可以考虑重开火区，恢复火区的生产；重开火区要经过上级主管部门的批准，由矿山专业救护队执行。

三、井下透水事故的应急处置与救治

进行井下透水事故的应急处置时，首先要寻找渗水源，查清进水点，采取紧急措施，堵截地下水。判断井下被困人员可能躲避的地点，有序组织井下人员撤离、升井、避难。

根据涌水量计算，采用临时水泵，将大量井下积水排向地表，采取一切措施，早日使井下被困人员脱险。

当遇险人员躲避地点比外部水位高时，应尽快排水救人。如果排水时间较长，应采取打钻或掘进一段巷道或救护队员潜水进入灾区运送氧气和食品，以维持遇险人员起码的生存条件。当遇险人员低于透水后的水位时，严禁向这些地点打钻，防止空气外泄，水位上升，淹没遇险人员，

而应加速排水。

遇险人员应积极开展自救互救，如所处位置比外部水位高，应积极寻找脱险路线，如所处位置比外部水位低，应心情平静、适量喝水、躺卧待救。

当下部中段被淹时，应尽快关闭巷道防水闸门，人员撤至井底车场后，再关闭井底车场的防水闸门，以保护水泵房。

在井筒内安装排水管或进行其他作业的应急救援人员，必须佩戴安全带和自救器。

四、井下炮烟中毒事故应急处置与救治

井下炮烟的主要成分为硫化氢、一氧化碳、氮氧化物等，若发现因突发性爆炸或掘进爆破、机械通风不良等原因造成人员接触炮烟，引起急性中毒，应立即采取应急处置措施。

保证通风系统运行，并进行局部强制通风，改善炮烟区空气质量。尽快转移中毒人员，离开中毒环境。施救人员必须佩戴呼吸防护设备，避免在施救过程中再次中毒。

中毒人员应尽量休息，避免活动后加重心、肺负担及增加氧的消耗量，有自主呼吸的，供给氧气吸入。及时检查中毒人员的呼吸、脉搏、血压情况及中毒症状，按硫化氢、一氧化碳、氮氧化物中毒的急救方法正确施救。如果伤员不能直接返回地面，医护人员应在伤员最先到达的水平井口处实施医疗救护。

五、提升系统事故应急处置与救治

机械人员检查是否有机械故障，检查电机电流、电压、

液压站油压、可调闸电流以及提升机速度、深度，各水平信号是否有异常情况，液压系统、盘形制动器系统工作是否正常，提升首尾绳有无破股、断丝、弯曲变形等损坏现象。

电气人员判断是否有电气故障，应从主回路和控制回路两个方面进行检查。根据故障报表、各动态画面所反映的情况检查相关的变流器、PLC 各模块、井筒磁开关等工作是否正常，安全回路中的相关继电器是否有损坏，接点是否松动、烧坏，可调闸回路、速度给定回路是否正常。

根据检查结果进行判断，若系统故障处理时间小于等于 2 h，维修人员负责抢修并由信号工通知乘罐人员不要惊慌乱动，若系统故障处理时间大于 2 h，维修人员应上报车间调度，按有关制度解救被困人员。

较短时间可以修复时，安排人员和罐内人员联系，并告知情况，使其保持稳定。用细绳和吊篮将食物、水及对讲机送入罐笼，及时了解罐内情况，保持罐内人员心情稳定。

设备长时间无法修复，但罐笼距井口位置较近时，安排人员和罐内人员联系，并组织罐内人员采取措施，有序撤离。视情况采取木板敷设形式，安排罐内人员系好安全带，从梯子间撤出。或采取强制溜车形式将罐笼提至井口，将人员救出。如发生机械故障，罐笼无法移动，且罐笼停滞位置距离井口较远时，利用井口卷扬卸吊罐将人员救出。

如发生坠罐，则应考虑采取以下措施：发生坠罐后，信号工应立即发出紧急停罐信号，提升机司机紧急停车；坠罐急停后，乘罐人员不得乱动，罐内未受伤人员应了解伤亡情况，尽可能地通知抢险人员；坠罐造成人员受伤时，应急抢险方案应首先考虑抢救伤员，抢险人员应在医疗救护专家的指导下开展工作，尽快使受伤人员返回地面接受医疗救治，抢险方案还应考虑如何使受伤人员在返回地面过程中少受影响；如果伤员不能直接返回地面，医护人员应在伤员最先到达的水平井口处对伤员实施医疗救护，应在医护专家的指导下确定伤员返回地面的路线和方式。

☆事故案例

事故案例一：新建矿业公司作业人员一氧化碳中毒事故

1. 事故经过

2007 年 6 月 27 日 18 时左右，云南新建矿业公司所属矿井在 1613 坑 15 川 38 米斜井上方平巷进行了爆破作业，炸药使用量约 13.7 kg。6 月 28 日早 8 时，马某、黎某等 4 人到达 15 川，准备再次进行爆破作业。他们按照惯例用高压风向作业面吹风约 1.5 h 左右，然后黎某等 2 人顺着梯子先行爬上斜井，随后，马某也爬上斜井。当马某爬上斜井后，看见先上去的黎某等 2 人坐在厢木上不会动，感到情况异常，立刻退到了斜井脚，要下面的人跑出井叫人来救。

当班安全管理员张某得知情况后，急忙带领 6 人进井，张某撕烂一件衣裳浸水后，每人发一条蒙住嘴向斜井里爬，结果造成 2 人先后中毒，其中 1 人当场摔落斜井井底。

10 时左右，新建公司总经理张世文接报后，一方面要求立即电话通知井口负责人，禁止人员进井。同时，组织救援人员带着一氧化碳监测仪、氧气监测仪赶往现场。约 14 时，救援人员把 40 m 风带接到了斜井顶部，经通风稀释一氧化碳浓度后，把遇难人员的遗体运出斜井。

这起一氧化碳中毒事故，当场造成2人死亡，因现场人员盲目施救又造成3人一氧化碳中毒死亡，事故共造成5人死亡，9人住院治疗。

2. 事故原因分析

造成事故的直接原因：一是设备设施、环境存在严重缺陷，导致通风不畅，使有毒有害气体不能排出作业面。二是作业者安全意识和安全技能低下，未能及时察觉作业面存在的危险，在出现中毒症状时仍然冒进，导致事故发生。三是现场管理人员不具备基本的安全知识和技能，在未采取任何安全措施的前提下，严重违章指挥，贸然率领人员救援，导致事故的扩大和升级。

造成事故的间接原因：一是现场安全管理存在严重缺陷，作业现场存在通风不良、设备设施存在严重缺陷的重大隐患，未能引起应有的重视，未能及时检查发现并采取有效措施整改。二是生产技术管理工作严重滞后，无施工设计和安全技术措施交底，盲目施工，导致危险因素不断增加，又未采取措施及时整改。三是各级安全教育培训工作力度差。各级单位未按有关规定对从业人员和井口安全管理人员进行安全教育培训，作业人员和管理人员的安全意识和技术素质低下，缺乏必要的安全知识和安全操作技能，对作业场所存在的危险因素不能及时察觉，在救援过程中不采取安全有效措施而严重违章贸然施救，导致事故扩大。

3. 事故教训与防范措施

（1）企业要严格执行国家安全生产的方针政策，切实履行安全生产主体责任。建立安全生产管理机构，配置专业技术强的专职人员，认真排查治理生产安全隐患，建立长效机制，确保企业生产安全。

(2) 要认真执行《生产经营单位安全培训规定》，加大对企业员工的培训力度，落实全员培训，必须建立和完善人员教育培训。主要负责人、安全管理人员、特种作业人员必须做到持证上岗。

(3) 制订符合实际的救援预案，适时演练，防范事故及其次生事故，尽力减少人员、财产损失。

(4) 要对所有劳务队组及整合井口组织进行全面的检查，特别是对井下通风系统和各类危险源点，对存在的隐患必须落实切实可行的整改措施。

事故案例二：天德石膏矿采空区发生重大冒顶事故

1. 事故经过

2006 年 8 月 19 日 19 时 10 分左右，天德石膏矿区 1 号斜井与 2 号斜井之间采空区以及澧南石膏矿正 40 m 标高以下的采空区突然发生大面积塌方，直接垮塌至地表，造成地表塌陷。塌陷区位于天德和澧南两个石膏矿范围，塌陷区近似椭圆形，其长轴方向为南东东，长轴约 210 m，短轴 110 m。事故还造成地表两栋民房垮塌，其中位于塌陷区内的一栋民房已全部坍塌，塌陷区边缘的一栋民房一半垮塌。井下冒落面积约 2.72 万 m^2，长轴方向约 290 m，短轴方向约 145 m，其中天德石膏矿井下冒落面积约 1.16 万 m^2，澧南石膏矿井下冒落面积约 1.56 万 m^2。

当时天德石膏矿和澧南石膏矿井下作业人员共 28 人，天德石膏矿 2 号斜井下作业的 9 名矿工全部撤出，其中 1 人受重伤，送医院抢救无效后死亡。天德石膏矿 1 号斜井下作业的 9 名矿工，其中 6 人死亡，21 日中午 12 时 30 分，3 名矿工从相邻的薮城石膏实业有限公司2号斜井生还。澧南石膏矿井下作业的10名矿工，8人撤出，2人死亡。

这起重大冒顶事故共造成井下9名矿工死亡，其中天德石膏矿死亡7人，澧南石膏矿死亡2人。

2. 事故原因分析

造成事故的直接原因：一是两个矿山均存在矿房超宽、超高开挖，矿柱尺寸偏小；在老采空区内开采残矿，进一步扩大了采空区体积，增加了采空区高度。二是天德石膏矿在与澧南石膏矿和薮城石膏实业有限公司三矿的交界部位开采保安矿柱，形成薄弱地带，上覆岩层受采动影响和蠕变作用遭到破坏，诱发了大面积采空区顶板冒落，引起地表坍塌。

造成事故的间接原因：一是矿山技术力量薄弱，生产组织和管理混乱，没有采掘计划，安全教育和培训制度不落实。二是矿山井下矿房超宽、超高、矿柱尺寸偏小，井下采场稳定性不能满足安全生产的要求。三是两个矿山均未采取有效措施进行采空区处理，进一步扩大了采空区范围，增加了采空区高度。

3. 事故教训与防范措施

（1）应统一进行矿区规划，整合资源，规范矿山开采秩序，合理开采矿产资源，实施安全生产。

（2）矿山必须配备安全、技术、地质、测量等专业技术人员，加强技术管理。

（3）严格建立健全采空区顶板管理制度，及时采取措施对采空区进行处理。

讨论题：

1. 金属非金属矿山的生产特点是什么？
2. 金属非金属矿山的事故特点是什么？
3. 露天矿山开采的主要危害有哪些？
4. 地下矿山开采的主要危害类型有哪些？
5. 矿山爆破事故意外伤害主要有哪些类型？
6. 引发冒顶片帮事故的原因是什么？
7. 冒顶前有什么预兆？对冒顶事故如何进行预防？
8. 中毒窒息事故的意外伤害有哪些？
9. 常见职业危害因素的伤害有哪些？
10. 发生井下炮烟中毒事故应如何处置与救治？

第四章　冶金生产意外伤害与救治

冶金行业属于资源能源密集型产业和基础产业，在我国国民经济中占有重要的地位，是我国国民经济重要的基础产业之一。截至 2006 年年底，全国年销售额在 500 万元以上的冶金企业约有 4 300 多家，从业人员约有 260 多万人。从 1996 年起，我国钢铁产量连续 9 年居世界第一位，2004 年钢产量达到 2.72 亿吨，约占世界钢产量的 27%。我国冶金行业经过长时期的建设，目前已经形成包括由矿山、烧结、焦化、炼铁、炼钢、轧钢以及相应的铁合金、耐火材料、碳素制品和地质勘探、工程设计、建筑施工、科学研究等部门构成的完整工业体系。

第一节　冶金企业生产与事故特点

一、冶金企业的生产特点

冶金企业生产的主要特点，是企业规模庞大，生产工艺流程长，从金属矿石的开采，到产品的最终加工，需要经过很多工序，其中一些主体工序的资源、能源消耗量很大。我国冶金行业在发展中，由于传统生产工艺技术发展的局限性，以及多年来基本上延续以粗放型生产为特征的经济增长方式，整体工艺技术和装备水平比较落后，人均生产效率较低，并且生产环境的污染影响也较为严重。同时，由于冶金企业的生产工序繁多，工艺流程复杂，人员众多，安全生产管理工作任务繁重，保障职工安全健康的难度较大。

在国民经济快速增长的拉动下，冶金生产呈现出快速发展的态势，我国钢产量连续多年保持世界第一。在冶金行业的快速发展中，重点大、中型冶金企业正在向大型化、集约化方向发展，全行业的产业集中度正在提高。在冶金行业快速发展的同时，钢材品种结构继续调整，国民经济发展所需要的特殊品种和高附加值品种大幅增长；工艺技术水平和生产效率不断提高，技术经济指标进一步改善。通过技术改造、新建项目，建成投产了一批大型烧结机、大型现代化高炉、铁水预处理、大型转炉、炼钢精炼、棒线材连轧生产线、热轧酸洗线、冷连轧生产线、薄板坯连铸连轧生产线、镀锌生产线、彩涂生产线等大型先进项目，使钢铁行业的技术装备水平又有了新的提高。

我国钢铁企业按照其生产产品和生产工艺流程可分为两大类型，即钢铁联合企业和特殊钢企业。钢铁联合企业的生产流程主要包括烧结（球团）、焦化、炼铁、炼钢、轧钢等生产工序，即长流程生产；特殊钢企业的生产流程主要包括炼钢、轧钢等生产工序，即短流程生产。钢铁联合企业中炼钢生产采用转炉炼钢或电炉炼钢，转炉炼钢以铁水为主要原料，电炉炼钢以废钢为主要原料。特殊钢企业中炼钢生产采用电炉炼钢，以废钢为原料。

二、冶金企业事故的基本情况

冶金生产过程中的主要事故类型为煤气中毒、火灾和爆炸，高温液体喷溅、溢出和泄漏，电缆隧道火灾，煤粉爆炸等。

冶金行业与其他行业相比较，由于企业规模大、人员众多，因而管理幅度和管理难度都较大，易发生人员伤亡的重大安全事故，从而与其他行业有一些明显不同的特点。

1. 伤亡事故发生的生产工序分析

冶金生产企业伤亡事故发生较多的生产工序（以2002年为例）依次为：其他辅助生产，约占伤亡事故总数的27.5%；轧钢，约占伤亡事故总数的21%；其他部门，约占伤亡事故总数的14.2%；炼钢，约占伤亡事故总数的10.8%；矿山，约占伤亡事故总数的8%；炼铁，约占伤亡事故总数的7%。发生事故较少的生产工序依次为：供热、氧气、燃气、铁合金、供电，五者约占伤亡事故总数的2%。

2. 伤亡事故发生的类别分析

冶金生产企业发生事故较多的类别（以2002年为例）依次是：机械伤害和其他伤害，约各占事故总数的18%；物体打击，约占事故总数的16%；高处坠落，约占事故总数的14%；起重伤害，约占事故总数的11%；灼烫，约占事故总数的10%；提升、车辆伤害，约占事故总数的6%；触电，约占事故总数的2%；中毒和窒息，约占事故总数的2%；淹溺、火灾、坍塌、放炮、爆炸，约占事故总数的3%。

3. 伤亡事故发生的直接原因分析

冶金生产企业发生死亡和重伤事故原因，主要是违反操作规程或违反劳动纪律，约占死亡人数和重伤人数的60%。其次是对现场工作缺乏检查或指挥错误，约占死亡人数和重伤人数的20%。此外，还有设备、设施、工具、附件有缺陷；生产场地环境不良；安全设施缺少或有缺陷；劳动组织不合理；教育培训不够、缺乏安全操作知识；技术和设计上有缺陷；个人防护用品缺少或有缺陷；没有安全操作规程或规程有缺陷等因素。

4. 伤亡事故发生的时间分析

冶金生产企业死亡事故发生较多的月份在1月和6月，发生死亡事故较少的月份在10月、2月和11月。其他事故发生较多的月份在4月、5月、8月和12月。

三、冶金企业事故设备设施方面的因素

冶金生产企业事故发生的原因，其中有设备设施因素。

1. 生产工艺的复杂性决定了危险因素的复杂性

冶金生产过程中既有生产工艺所决定的高热能、高势能危害，又有化工生产所具有的有毒、易燃、易爆问题和深度制冷及高温、高压问题，还有一般矿山作业、机械加工、建筑、运输生产中容易发生的机械伤害、起重伤害、中毒窒息、火灾爆炸等危险性。

2. 生产设备设施的复杂性决定了生产的危险性

冶金生产过程中既有矿山作业必需的各类爆炸、掘进、运输、提升、破碎、通风、选矿等设备，又有机械加工必需的各类机床和通用起重设施，基建作业必需的搅拌、碾压、浇灌设备和塔吊、升降机，焦化生产和制氧、制氢所必需的各类反应（分馏）塔、反应器、加热炉和储罐、储槽，还有钢铁生产特有的高炉、转炉、电炉、各类轧制设备、专用起重设备等。各种设备在生产、检修过程中，都存在不同程度的危险性。

3. 生产设备的自动化、机械化、半机械化、手工作业并存在差异造成了生产的危险性

冶金生产工程项目的建设，因不同历史时期的设计、施工在技术水平上存在差异，同时也受到业主当时的经济状况及客观环境的影响，因而生产设备设施在本质安全化方面存在很大的差别。一般来说，20 世纪八九十年代建成投产的企业所使用的基本上是高度自动化，本质安全化水平也较高的设备；而早期建成投产的大型冶金企业的生产设备，则是以机械化和半机械化为主；特别是一些较早建成的地方中型骨干企业，设备基本上是机械化、半机械化、手工操作并存。

4. 生产过程对辅助系统的依赖程度高所造成的生产危险性

钢铁生产是一个连续性生产过程，不论从生产角度还是从安全角度考虑，其主体生产设备对辅助系统的依赖程度都很高。如突然停电，特别是较长时间停电，铁水、钢水可能在炉内凝固；又如供蒸汽、供氮气系统压力过低，都可能使煤气设备在生产及检修过程中发生事故；而消防系统如果存在严重缺陷，可能因火灾预防不力或扑救失败而造成重大人员伤亡和财产损失。

四、冶金企业事故安全管理方面的因素

近年来，冶金企业，尤其是大型冶金生产企业，在现代化安全管理、安全生产规章制度的制订与实施、安全生产责任制落实、安全教育培训、伤亡事故管理、“三同时”管理等方面开展了大量的工作，并取得了可喜的成绩，但由于市场经济及机构改革大潮的冲击，安全管理工作还存

在着许多问题，主要表现为：

1. 设备、设施安全装备水平下降，隐患较多

据统计，冶金生产企业共有约 1 亿 m^2 的工业建筑，大部分于 20 世纪 70 年代投入使用，到 2000 年已有相当大一部分面临退役；近万台起重设备中，50%也是 20 世纪 70 年代投入使用的仿苏产品，目前也面临淘汰更换；其他设备、管道情况基本类似。更有甚者，许多地方中型骨干企业的辅助系统仍远未达到与主体生产系统相适应的程度，还存在严重的设备、设施超负荷或带病运行的状况。

2. 对生产过程中存在的危险因素尚未进行认真、系统的发掘

冶金生产过程中存在各种危险因素，而这些危险因素至今尚未真正被人们所了解和认识，这对系统改造和系统控制都是极为不利的。应借助于一定的理论、技术指导，对这些危险因素进行全面发掘，才可能使从事安全管理、生产管理、设备管理、技术管理的人员都能较为深入、系统地掌握有关的危险状况，使其从事的工作针对性更强，管理效果更好。

3. 安全管理工作总体上还未跳出传统管理的框框

传统安全管理最大的特点是以事故管理为中心。这是一种以安全规章制度建立、安全教育、安全检查、安全评比为主要工作内容的被动管理模式。过去几十年中，该模式虽然对保障企业生产顺利进行和保护职工安全健康发挥了重要的作用，然而随着时间的推移，其作用逐渐发挥到了极限，效果越来越难以令人满意。因此，需要与时俱进，结合新形势、新情况，探索安全生产管理新的思路、新的方法。

4. 安全管理机构的设置和人员配置上还存在问题

近几年来，在企业转变经营管理机制的改革中，部分企业的安全管理部门被并入生产部门，有的安全管理职能被分解到几个不同的管理部门，使具体的安全管理工作出现了无人抓或难于抓好的局面。安全人员的配备过分强调安全管理经验，忽视了年龄结构和知识结构上的要求，从而使安全管理人员较难适应安全管理知识、技术更新和发展的要求。

五、冶金企业事故人员操作方面的因素

轨迹交叉事故模式认为，事故是由于人的不安全行为和物的不安全状态，在一定的空间和时间里相互交叉的结果。该模式揭示，事故的发生由三方面因素造成：人的不安全行为，物的不安全状态，管理因素，即空间和时间的调度。环境条件和物的状况不良以及管理上的缺陷可能形成生产中的事故隐患，由于人为原因的触发，就可能形成事故。简言之，事故的发生主要是物的不安全状态（或称故障）和人的不安全行为（失误）两大因素共同作用的结果。

实际上，人的不安全行为和物的不安全状态互为因果。有时是设备的不安全状态导致了人的不安全行为，人的不安全行为又会促进设备不安全状态的发展，事故的发生往往不是简单的人与物两个系列轨迹交叉，而是呈现非常复杂的情况。例如下列情况往往会引发事故的发生：

——光线不足或工作地点及通道情况不良；

——设施、设备、工具、附件有缺陷；

——防护、保险、信号装置缺乏或有缺陷；

——个人防护用品缺乏或有缺陷；
——违反操作规程或劳动纪律；
——技术上和设计上有缺陷；
——教育培训不够，不懂操作技术和知识；
——劳动组织不合理；
——没有安全操作规程或制度不健全；
——对现场工作缺乏检查或指导有错误等。

六、冶金企业生产中存在的主要职业危害

冶金工业生产中主要的危害因素是高温、强辐射灼热、粉尘、一氧化碳和噪声等。

1. 高温和强辐射灼热

在冶金生产中从矿粉的加工烧结、炼焦、炼铁、炼钢、轧钢等每个环节都属于高温作业，有的车间夏季气温比室外高 15～20℃，因此较易发生人员中暑。灼热的物体辐射出的大量红外线，易引起职业性白内障。

2. 粉尘危害

在矿石生产中，井下开采、运输、破碎到选矿、混料、烧结等环节都有很高浓度的粉尘，在耐火材料加工、炼焦、炼钢的过程中亦有大量粉尘产生，长期接触会发生尘肺，多为硅肺。

3. 一氧化碳中毒

在煤气中一氧化碳含 30%左右，故在接触煤气的岗位，如不注意防护，就可能发生一氧化碳中毒。

4. 其他伤害

化学工业中的空压机、风机、轧钢机等发出的强噪声，易引起耳聋；由于接触火焰、钢水、钢渣、钢锭的机会较

多，最容易发生烧灼伤；接触高温辐射的作业人员中，易发生火激红斑、色素沉着、毛囊炎及皮肤化脓等疾患；由于高温作用，肠道活动出现抑制反应，使消化不良和胃肠道疾患增多，高血压的发生率也比一般工人高。

第二节　冶金事故的应急处置与救治

一、煤气泄漏事故应急处置与救治

钢铁冶炼过程中煤占总能源的70%，副产品煤气占总能耗的32.2%。炼焦副产品为焦炉煤气，炼铁副产品为高炉煤气，炼钢副产品为转炉煤气，生产铁合金副产品为铁合金炉煤气。焦炉煤气、高炉煤气、转炉煤气和铁合金炉煤气等回收后可作为焦炉、热风炉、加热炉和发电锅炉的燃料，焦炉煤气还可作为民用燃气。由于煤气中含有大量易燃易爆、有毒有害物质，在生产、运输、储存和使用过程中，存在着中毒、火灾和爆炸危险性。

1. 发生煤气泄漏时应采取的应急措施

（1）关闭送气阀。事发单位发现煤气泄漏，应立即报告，操作人员按照规程关闭送气阀门，打开紧急放散阀门进行减压。

（2）空气稀释。强制向泄漏区排风，将泄漏区煤气疏散。

（3）检查抢修。工程抢险人员必须佩戴好防毒面罩，进入现场详细检查，找出原因；抢险抢修人员在安全的前提下，迅速开展对泄漏点的抢修堵漏工作。

（4）煤气泄漏较严重时，应迅速划分危险单元，组织治安队在目标单元周围200 m范围内设立警戒线，严禁无关人员及车辆通过，查禁所有明暗火源。

（5）现场应急指挥根据情况及时报告当地政府相关管理部门，请求外部支援，对处在危险区域内的所有人员进行紧急疏散。

2. 发生煤气中毒时应采取的应急措施

（1）进入泄漏区的人员必须佩戴CO报警仪、氧气呼吸器。

（2）设置隔离区并进行监护，防止其他人员进入煤气泄漏的区域。

（3）抢救人员要尽快让中毒人员离开中毒环境，并尽量让中毒人员静躺，避免活动加重心、肺负担及增加氧的消耗量。

（4）事故现场杜绝任何火源。

（5）搜索后，要对在岗人员及参加抢险的人员进行人数清点，在人数不符的情况下搜救工作不能终止，直到人员全部点清。

（6）对泄漏点周围逐个地点进行搜索，特别是死角、夹道等不易引起注意的地方要进行全面的搜索。

（7）应对警戒区域内的煤气含量进行检测，超过规定标准时警戒区不能撤销。

3. 煤气泄漏引发火灾、爆炸时应采取的应急措施

（1）煤气轻微泄漏引起着火，可用湿泥、湿麻袋堵住着火部位，进行扑救和灭火，火焰熄灭后再按照有关规定，补好泄漏处。

（2）直径小于100 mm的煤气管道着火时，可直接关闭阀门，切断气源灭火。

(3) 直径大于100 mm的煤气管道或煤气设备着火时，应向管道或设备内通入大量蒸汽或氮气，同时降低煤气压力，缓慢关小阀门但压力不得小于100 MPa，以防止回火引起爆炸，使事故扩大，待火焰熄灭后再彻底关闭阀门。

(4) 煤气管道或设备被烧红，不得用水骤然冷却，以防管道或设备变形断裂。

(5) 当管道法兰、补偿器、阀门等处着火时，如果火势较小，戴好呼吸器可用就近备用灭火器灭火；如果火势较大，灭火器不能使火熄灭时，可用消防车、消防水冷却设备，同时向系统内通入蒸汽或氮气，逐渐关闭阀门，待火焰熄灭后彻底切断气源灭火。

(6) 当火灾发生时，目标单元事发危险区域要将警戒线扩大至300～500 m的范围，防止他人误入危险区。事故隐患如未彻底消除，安全警戒不得解除。

(7) 当发生煤气爆炸事故时，在未查明事故原因和采取必要安全措施前，不得向煤气设施复送煤气。

二、高温液体喷溅、溢出爆炸事故应急处置与救治

冶金生产过程中的高温液体具有温度高、热辐射强的特性，如铁水、钢水、钢渣、铁渣的温度往往在1 250～1 670℃左右。高温液体易喷溅，对危险范围内的作业人员，极易造成灼伤。据有关资料统计，灼伤约占炼钢厂总伤害的1/4，居各种伤害的第2位。

高温液体发生喷溅、溢出或泄漏时除了可能直接对人员造成灼烫伤害外，还潜藏着发生爆炸的严重危害，还有可能诱发其他二次伤害或事故，给企业造成巨大损失。

1. 发生高温液体喷溅时采取的应急措施

(1) 人员身上着火，严禁奔跑，相邻人员要帮助灭火。

(2) 心跳、呼吸停止者，应立即进行心肺复苏。

(3) 面部、颈部深度烧伤及出现呼吸困难者，应迅速送往医院设法做气管切开手术。

(4) 非化学物质的烧伤创面，不可用水淋，创面水泡不要弄破，以免创面感染。

(5) 用清洁纱布等盖住创面，以免创面感染。

(6) 如伤员口渴，可饮用盐开水，不可喝生水及大量白开水，以免引起脑水肿及肺水肿。

(7) 严重灼伤者，争取在休克出现之前，迅速送往医院进行医治。

(8) 送伤员前，尽可能地提前通知医院做好抢救准备事宜。

2. 发生高温液体溢出、爆炸时采取的应急措施

(1) 凡发生高温液体溢流，应立即停止作业。危险区内严禁有人。

(2) 发生漏铁、漏钢事故时，要将剩余铁、钢水，倒入备用罐内。

(3) 高温液体溢流地面遇有乙炔瓶、氧气瓶等易燃易爆物品时，如不能及时搬走，要采取降温措施。

(4) 溢流、泄漏地面的铁水、钢水在未冷却之前，不能用水扑救。防止水出现分解，引起爆炸。

(5) 高温液体溢出或泄漏诱发火灾时，不能用水来扑救，一般采用干粉灭火器。

(6) 一旦诱发了火灾爆炸等二次事故时应立即设置警戒区，禁止人员进入。

三、煤粉制备、输送与喷吹过程发生事故的应急处置与救治

煤粉制备、输送与喷吹过程中可能产生火灾、爆炸、中毒、窒息、建筑物坍塌等事故。密闭生产设备中发生的煤粉爆炸事故可能发展成为系统爆炸，摧毁整个烟煤喷吹系统，甚至危及高炉；抛射到密闭生产设备以外的煤粉可能导致二次粉尘爆炸和次生火灾，扩大事故的危害。

一旦发生火灾，为防止事故进一步扩大，现场可采取以下应急措施：

（1）指定专人维护事故现场秩序，阻止无关人员进入事故现场，严防二次伤害，指导救援人员进入事故现场。

（2）认真保护事故现场，凡与事故有关的物体、痕迹、状态，均不得破坏，为抢救受伤者需要移动某些物体时，必须做好标记。

（3）受伤人员根据实际需要，立即实施现场救护，如：心肺复苏、外伤包扎等，同时应迅速联系专业人员进行救护。

（4）及时收集现场人员的位置、数量信息，准确统计伤亡情况，防止其他人员受困或被遗漏。

（5）要根据火灾现场的实际情况正确分析可能产生的有毒气体，要严格保证救援人员个体防护设施供给，严防二次伤害。

（6）及时切断与运行设备的联系，保证其他设备的安全运行。如果是在有压力容器的部位发生火灾，要及时隔离，严防引发压力容器爆炸事故。

（7）确定事故状态对周边相关动力管网的影响情况，

采取安全防范措施。

(8) 转移易燃、易爆等危险品，运用隔离设施严防烧、摔、砸、炸、窒息、中毒、高温、辐射等原因对救援人员造成伤害。

四、灼烫事故应急处置与救治

当发生热物体灼烫伤害事故时，事发单位应首先了解情况，及时抢修设备，进行堵漏，并使伤者迅速脱离热源，然后对烫伤部位用自来水冲洗或浸泡。但不要给烫伤创面涂有颜色的药物如紫药水，以免影响对烫伤深度的观察和判断，也不要将牙膏、油膏等物质涂于烫伤创面，以减少创面感染的机会，减少就医时处理的难度。如果出现水泡，不要将泡皮撕去，避免感染。经过简单救治后应及时将伤员送往医院进行救治。

五、高温中暑事故应急处置与救治

高温中暑，在冶炼、热处理、露天作业等高温、日晒环境下都有可能导致人员虚脱中暑。

一旦发生人员中暑，可以采取以下方法进行急救：

1. 将中暑人员脱离高温环境至阴凉通风处，并解开其衣服，使其平卧，多饮含盐水。

2. 先兆中暑者，可自然恢复；重症中暑者立即送往医院进行救治。中暑者体温过高时，用凉水（酒精）擦拭其身体，也可以用冰袋放在头部、腋下等处；此外用力按摩四肢，还可进行凉水淋浴。同时，给中暑者服用仁丹和其他降温药物。

☆事故案例

事故案例一：清扫皮带不停机导致的挤压伤害事故

1. 事故经过

2006年1月17日，甘肃某钢铁公司选矿厂上中班。22时，原料皮带系统开始正常上料。22时25分，分布料岗位工王某在5#皮带头部看完料流大小，在经过5#皮带岗位小房时，发现火某在看手机，就敲小房玻璃示意火某该清扫岗位卫生了。随后王某到布料岗位等待焊工处理1#皮带托辊故障，火某去5#皮带清扫卫生。22时50分，6#皮带停止运转至18日。18日零时左右，6#、7#皮带岗位工白某在接班时，发现火某的头被卡在6#皮带运输机的托辊与皮带支架之间，面部向南，身体半蹲在地上，白某赶快跑到6#、7#皮带的平台处喊现场工作人员进行救治，随后，现场工作人员将火某抬离现场，实施急救措施，待120救护车到达现场后，将火某（男，28岁，皮带工，本工种工龄两年）送往医院进行救治。后来火某因伤势严重，经抢救无效死亡。

2. 事故原因分析

造成事故的直接原因：火某本人安全意识不强，违反《职工安全守则》中关于“严禁在设备运行过程中清扫、修理、隔机传递工具”和《皮带工安全操作规程》“在处理头尾轮挂泥、托辊、捅漏斗、二层皮带矿石或杂物及故障、打冻块等时必须停机，在操作箱上挂上警告牌，设专人监护”的规定。在未采取停机或其他措施的情况下，钻入6#皮带头部下方使用耙子（长约2 m）清扫落灰，当耙杆上端被二层皮带和托辊卷入后，受力作用的耙杆将火某推到皮带南侧支架处，造成火某被耙杆、皮带支架、二层皮带夹住脖颈，从而导致死亡。这也是造成这起事故的主要原因。

造成事故的间接原因，一是选矿厂对职工的安全教育不够，职工存在习惯性的违章行为，作业时不认真执行安全操作规程、不落实危险控制措施。二是选矿厂及原料班对日常作业过程中的职工作业行为监督管理不到位，冒险及习惯性违章行为没有得到及时制止。

3. 事故教训与防范措施

（1）要加强对职工的安全教育，进一步开展学规程、查隐患的活动，提高职工按章操作的自觉性和危害辨识能力及危险防范能力。要组织全厂职工进行事故反思活动，吸取事故教训，教育职工增强自我保护意识和遵章守纪的自觉性。同时要进一步深入开展反"三违"活动，加大对现场习惯性违章行为的查处力度，严格执行操作规程。

（2）要加强体系建设和制度完善工作，进一步明确岗位人员职责，切实履行好各级人员的安全管理职责，对危险区域组织进行危害辨识，进一步明确危险区域，在危险区域设置醒目的安全警示牌，并将危险区域进行封闭，严禁进入危险区域。

（3）加强对偏远岗位和单人独岗的管理，建立定期联系汇报制度和有效的安全互保制度。加强对现场作业环境的治理，改善岗位作业条件，保证职工的职业安全。

事故案例二：进入设备本体不加防范导致受撞击死亡事故

1. 事故经过

2006年3月13日下午，上海某钢铁公司轧钢分厂酸轧机组操作工余某（男，21岁），按照工作安排，在酸轧入口焊机操作作业时，因焊缝质量不好，需要重焊。余某按照操作步骤按下重焊按钮，焊机处于自动焊接过程中，这时余某为了查看设备运行情况，违反了操作规程，冒险进入设备本体，被从传动侧向操作侧运行的焊接小车撞击左侧颈部，造成左侧颈动脉血管断裂。现场工作人员发现后，急忙将余某送往医院进行抢救，但是余某因伤势严重，经抢救无效死亡。

2. 事故原因分析

造成事故的直接原因：焊接小车在自动运行状态下，余某违反了操作规程，未采取任何安全防范措施就进入设备本体，被焊接小车撞击左侧颈部，导致死亡。

造成事故的间接原因：焊机区域原设备的设计中，对作业环境的安全防护措施的设置存在一定缺陷。

3. 事故教训与防范措施

（1）组织全体员工学习事故通报，并到现场进行安全教育，严格按照标准化作业，杜绝违章的发生，提高员工的安全意识。

（2）组织所有班组重新进行一次危险源辨识。根据具体的操作动作，梳理、细化、补充完善操作规程，确保规程的合理、简洁、可行、便于操作，确保安全生产。

（3）组织对机组所有的安全设施，做一次全面细致的普查，确保安全设施的有效性。

（4）加强现场安全管理力度，强化各级领导者和管理者现场管理责任的落实。

事故案例三：煤仓进行清仓作业人员中毒伤亡事故

1. 事故经过

2006 年 1 月 15 日，山东某钢管总厂能动分厂 76 机组煤气站乙班班长司炉工姜某，带领司炉工佟某等 4 人上夜班。根据计划，当天早 8 时煤气炉将进行年修。5 时 45 分左右，班长姜某带领佟某等人到三层平台对煤仓进行清仓作业。当时，佟某在煤仓内用铁锨清理煤仓，班长姜某在煤仓外平台上用手电照明。干了一会儿，佟某突然晕倒在煤仓内，班长姜某一边喊着佟某的名字，一边跳进煤仓内向上托佟某，但是没有成功，他也倒在煤仓内。现场人员立刻拨打急救电话，同时找来防毒面具，将姜某和佟某陆续救了出来，送往医院抢救。经抢救后佟某脱离了生命危险，姜某（男，31 岁）经抢救无效死亡。

2. 事故原因分析

经调查组分析，佟某是在工作中违章进入煤仓，发生了一氧化碳中毒而造成受伤，姜某在未采取任何防护措施的情况下，违章冒险进入煤仓救人，因一氧化碳中毒而死亡。

造成事故的直接原因：职工违章进入危险场所。按照钢管总厂混合发生炉煤气生产和使用作业指导书规定："进入生产炉煤仓内工作，必须戴上面具并有救护人员和领导在场方可工作。"佟某违反规定进入煤仓中作业，因一氧化碳中毒受伤；班长姜某在指挥工人作业时，对佟某的违章行为不加制止，在佟某中毒晕倒后，没有采取任何防护措施，冒险进入煤仓救人，因一氧化碳中毒死亡。

造成事故的间接原因：企业安全教育培训不够，作业人员安全生产意识淡薄，不认真遵守工厂的安全操作规程。

3. 事故教训与预防措施

（1）企业要加强安全生产管理，进一步落实安全生产责任制，采取有效措施，杜绝违章作业现象。

（2）企业要加强对职工的安全教育和培训，增强职工的安全生产意识。

（3）企业要举一反三，立即进行一次全面的安全生产大检查，认真查找安全生产管理上的漏洞和生产设备、设施存在的事故隐患，采取措施及时进行整改。

讨论题：

1. 冶金企业生产中存在的主要职业危害有哪些？

2. 发生煤气泄漏时应采取的应急措施有哪些？

3. 发生人员煤气中毒时应采取哪些应急措施？

4. 发生煤气泄漏引发火灾、爆炸时应采取哪些应急措施？

5. 发生高温液体喷溅时应采取哪些应急措施？

6. 发生高温液体溢出、爆炸应采取哪些应急措施？

7. 发生灼烫事故应该如何处置与救治？

8. 发生高温中暑事故应该如何处置与救治？

第五章　化工企业意外伤害

化工企业的生产具有易燃、易爆、易中毒、高温、高压、易腐蚀等特点，与其他行业相比，生产过程中潜在的不安全因素更多，危险性和危害性更大，因此对安全生产的要求也更加严格。目前，随着化工生产技术的发展和生产规模的扩大，企业安全已经不再局限于企业自身，一旦发生有毒有害物质泄漏，不但会造成生产人员中毒伤害事故，导致生产停顿、设备损坏，而且还有可能波及社会，造成其他人身中毒伤亡，产生无法估量的损失和难以挽回的影响。

第一节　化工企业的危险性与事故特点

一、化工企业生产存在的危险性

在化工企业的生产、储存、运输、使用过程中，涉及许多危险化学品。危险化学品是指那些一旦处置不当就容易导致爆炸、火灾、中毒、污染、氧化腐蚀等安全事故，对人体、物品及环境造成危害或破坏的化学品。

化学安全事故的发生与危险化学品之间有着天然的联系，所以习惯上也时常把化学安全事故称做危险化学品事故。它具有意外突发的特点。提高对危险化学品及其事故隐患认知、预见与防范的能力，以遏制重大恶性危险化学品事故发生并最大限度地减轻事故损失，是当务之急。

目前我国有危险化学品企业数十万家，正在从事上千种吨级以上危险化学品的生产经营，从业人员上千万人。由于危险化学品品种繁多、性质各异、危险程度各不相同，再加上危险化学品的从业单位布点分散，生产规模平均较小，工艺设备相对落后，技术力量相对薄弱，安全技术装备与管理措施不到位，特别是大量招用未经严格安全培训的农民工直接上岗，因此在危险化学品生产经营过程中普遍存在严重的安全隐患，这是导致我国化学安全事故频繁发生的主要原因。

二、化工企业的生产特点

化工企业运用化学方法从事产品的生产，生产过程中的原材料、中间产品和产品，大多数都具有易燃易爆的特性，有些化学物质对人体存在着不同程度的危害。化工企业生产与其他企业生产还有所不同，具有高温高压、毒害性、腐蚀性、生产连续性等特点，比较容易发生泄漏、火灾、爆炸等事故，而且事故一旦发生，比其他企业事故具有更大的危险性，常常造成群死群伤的严重事故。

化工企业在生产经营以及储存、运输、使用等环节上，由自身的特性所决定，具有以下特点：

1. 生产原料具有特殊性

化工企业生产使用的原材料，以及半成品和成品，种类繁多，并且绝大部分是易燃易爆、有毒有害、有腐蚀性的危险化学品，不仅在生产过程中对这些原材料、燃料的使用、储存和运输提出较高的要求，而且对中间产品和成品的使用、储存和运输都提出了较高的要求。

2. 生产过程具有危险性

在化工企业的生产过程中，所要求的工艺条件严格甚至苛刻，有些化学反应在高温、高压下进行，有的要在低温、高真空度下进行。在生产过程中稍有不慎，就容易发生有毒有害气体泄漏、爆炸、火灾等事故，酿成巨大的灾难。

3. 生产设备、设施具有复杂性

化工企业的一个显著特点，就是各种各样的管道纵横交错，大大小小的压力容器遍布全厂，生产过程中需要经过各种装置、设备的化合、聚合、高温、高压等程序，生产过程复杂，生产设备、设施也复杂。大量设备设施的应用，减轻了操作人员的劳动强度，提高了生产效率，但是设备设施一旦失控，就会导致各种事故的发生。

4. 生产方式具有严密性

目前的化工生产方式，已由过去落后的坛坛罐罐的手工操作、间断生产，转变为高度自动化、连续化生产；生产设备由敞开式转变为密闭式；生产装置从室内走向露天；生产操作由分散控制转变为集中控制，同时也由人工手动操作转变为仪表自动操作，进而发展为计算机控制，要求严格周密，不能有丝毫的马虎大意，否则就会导致事故的发生。

随着化学工业的发展，石化企业生产的特点不仅不会改变，反而会随着科学技术的进步，使这些特点进一步强化。因此，石化企业在生产过程和其他相关过程中，必须有针对性地采取积极有效的措施，加强安全生产管理，防范各类事故的发生，保证安全生产。

三、化工生产事故的特点

化工生产事故具有以下突出特点：一是化学物质大量意外排放或泄漏造成的事故，造成人身伤亡极其惨重，损失巨大。二是化工生产事故不仅具有化学性损害而且具有损害多样性，即事故不仅能够造成人员死亡，而且能够对受伤害者造成人体各器官系统暂时性或永久性的功能性或器质性损害；可以是急性中毒，也可以是慢性中毒；不仅影响本人，而且也有可能影响其后代；可以致畸，也可以致癌。三是化工生产事故由于各种毒物分布广、事故多，因而污染严重，环境被污染后，彻底消除十分困难。四是化工生产事故不受地形、气象和季节的影响。无论企业大小、气象条件如何，也无论春夏秋冬，事故随时随地都有可能发生。五是化学物质种类多，目前统计有 5 000～10 000 种，因而当事故发生后，迅速确定是哪种物质引起的伤害十分困难，这对事故发生后的应急救援很不利。

在化工企业生产中，由于各种原因，使危险化学品在生产、运输、仓储、销售、使用和废弃物处置等各个环节中都出现过许多重、特大事故，给人们的生命和财产造成了严重的损失。

四、化工企业常见的事故原因

化工企业常见的事故原因，与化工企业的生产特点、生产过程所存在的危险性直接相关。

1. 直接事故原因

一是机械、物质或环境的不安全状态。例如：防护、保险、信号等装置缺乏或有缺陷，设备、设施、工具、附件有缺陷，个体防护用品用具缺少或有缺陷，生产（施工）场地环境不良等。二是人的不安全行为。例如：操作错误造成安全装置失效，使用不安全设备，人手代替工具操作，物体存放不当，冒险进入危险场所，违反操作规定，分散注意力，忽视个体防护用品用具的使用，不安全装束等。

2. 间接事故原因

间接事故原因包括：技术和设计上有缺陷；工业构件、建筑物、机械设备、仪器仪表、工艺过程、操作方法、维修检验等的设计、施工和材料使用存在的问题。教育培训不够、未经培训、缺乏或不懂安全操作技术知识；劳动组织不合理。对现场工作缺乏检查或指导错误；没有安全操作规程或不健全；没有或不认真实施事故防范措施，对事故隐患整改不力等。

此外，化工企业引起事故的原因，还有设计缺陷、制造缺陷、化学腐蚀、管理缺陷、纪律松弛等因素，尤其是那些常见的多发事故，造成事故的原因主要是违章作业、维护不周、操作失误。

第二节　化工企业生产安全管理要求

一、化工生产安全管理要求

1. 化工生产运行安全要求

（1）必须编制生产的工艺规程、安全技术规程。根据工艺规程、安全技术规程和安全管理制度，编制常见故障和处理方法的岗位操作法，并经主管厂长（经理）或总工程师审批签发后，下发执行。

（2）变更或修改工艺指标，生产技术部门必须编制工艺指标变更通知单（包括安全注意事项），并以书面形式下达。操作者必须遵守工艺纪律，不得擅自改变工艺指标。

（3）操作者必须严格执行岗位操作法，按要求填写运行记录。

（4）关联性强的复杂重要岗位，必须建立操作票制度，并严格执行。

（5）安全附件和联锁装置不得随便拆卸和解除，声、光报警等信号不能随意切断。

（6）在现场检查时，不准踩踏管道、阀门、电线、电缆架及各种仪表管线等设施。进入危险部位检查，必须有人监护。

（7）严格遵守安全纪律，禁止无关人员进入操作岗位和动用生产设备、设施和工具。

（8）正确判断和处理异常情况，紧急情况下，可以先处理后报告（包括停止一切检修作业，通知无关人员撤离现场等）。

（9）在工艺运行或设备处在异常状态时，不准随意进行交接班。

2. 化工生产开车安全要求

（1）必须编制开车方案，检查并确认水、电、汽（气）符合开车要求，各种原料、材料、辅助材料的供应必须齐备、合格，按照规定办理开车操作票，开车严格按照开车方案进行。投料前还必须进行系统分析确认。

（2）检查阀门状态及盲板抽加情况，保证装置流程畅通，各种机电设备及电气仪表等均处在完好状态。

（3）保温、保压及清洗的设备要符合开车要求，必要时应重新置换、清洗和分析，使之合格。

（4）确保安全、消防设施完好，通信联络畅通，并通知消防、气防及医疗卫生部门。危险性较大的生产装置开车，相关部门人员应到现场，消防车、救护车处于防备状态。

（5）必要时停止一切检修作业，无关人员不准进入开车现场。

（6）开车过程中要加强有关岗位之间的联络，严格按照开车方案中的步骤进行，严格遵守升（降）温、升（降）压和加（减）负荷的幅度（速率）要求。

（7）开车过程中要严密注意工艺状况的变化和设备运行情况，发现异常现象应及时处理，情况紧急时应终止开车，严禁强行开车。

3. 化工生产停车安全要求

（1）正常停车必须编制停车方案，严格按照停车方案中的步骤进行。

（2）系统降压、降温必须按要求的幅度（速率）并按先高压后低压的顺序进行。凡需保温、保压的设备（容器），停车后要按时记录压力、温度的变化。

（3）大型传动设备的停车，必须先停主机，后停辅机。

（4）设备（容器）卸压时，应对周围环境进行检查确认，要注意易燃易爆、易中毒等危险化学品的排放和扩散，防止造成事故。

（5）冬季停车后，要采取防冻保温措施，注意低位、死角及水、蒸汽的管线、阀门、疏水器和保温伴管等情况，防止管道、设施损坏。

4. 化工生产紧急处理安全要求

(1) 发现或发生紧急情况，必须先尽最大努力进行妥善处理，防止事态扩大，避免人员伤亡，并及时向有关方面报告。必要时，可先处理后报告。

(2) 工艺及机电、设备等发生异常情况时，应迅速采取措施，并通知有关岗位协调处理。必要时，按步骤紧急停车。

(3) 发生停电、停水、停气（汽）时，必须采取措施，防止系统超温、超压、跑料及机电设备的损坏。

(4) 发生爆炸、着火、大量泄漏等事故时，应首先切断气（物料）源，同时迅速通知相关岗位采取措施，并立即向上级报告。

(5) 应根据本单位的生产特点，编制重大事故应急救援预案，并定期组织演练，提高处置突发事件的能力。

5. 生产危险要害区域（岗位）安全要求

(1) 凡符合国家标准 GBJ 16—1987《建筑设计防火规范》(2001 年版) 产生的火灾危险性甲类物质和国家标准 GB 5044—1985《职业性接触毒物危害程度分级》中极度危害和高度危害毒物的装置、仓库、罐区、岗位等，以及公司供配电、供水等生产区域，为生产危险要害区域（岗位）范围。

(2) 危险要害区域（岗位）由各单位安技、保卫、生产等部门共同认定，经厂长（经理）签署意见，报公司审批。

(3) 要害岗位人员必须经过严格的安全培训，掌握相关的安全知识，具备较高的安全意识和较好的技术素质，并由人事、保卫部门与车间共同审定。

（4）要害岗位施工、检修时必须编制严密的安全防范措施，并报保卫、安技部门备案。施工、检修现场要设监护人，做好安全保卫工作，并认真做好详细记录。

（5）各单位应在危险要害区域周围设置统一的明显标志。

（6）建立健全严格的危险要害区域（岗位）管理制度，凡外来人员必须经厂主管部门审批，并在专人陪同下，经登记后方可进入危险要害区域（岗位）。岗位人员对无手续或手续不全者应制止其进入。

（7）应编制修订危险要害区域（岗位）重大事故应急救援预案，定期组织有关人员进行演习，提高处置突发事故的能力。

二、设备检修作业的安全要求

1. 设备检修作业前的安全要求

（1）加强检修工作的组织领导，做到安全组织、安全任务、安全责任、安全措施“四落实”。根据设备检修项目的要求，制订设备的检修方案，落实检修人员、安全措施。

（2）一切检修项目均应在检修前办理《检修任务书》和《设备检修安全作业证》。

（3）检修项目负责人对检修安全工作负有全面责任，对检修工作实行统一的指挥调度，确保检修过程的安全。

（4）必须对参加检修作业的人员进行安全教育，特种作业人员必须持证上岗，应对检修过程中可能存在和出现的不安全因素进行分析，提前采取预防措施。

（5）检修项目负责人，必须按《检修任务书》和《设备检修安全作业证》的要求，亲自组织有关技术人员到现场向检修人员交底。

（6）专业特种设备检修必须由具备相应检修资质的单位进行。

2. 设备检修中的安全要求

（1）根据《检修任务书》和《设备检修安全作业证》的要求，生产单位要对检修的设备管道进行工艺处理。工艺处理要有严格的步骤，有专人负责，分析数据合格。

（2）检修的设备、管道与生产区域的设施、管道有连通时，中间必须有效隔离。

（3）检修单位与生产单位共同对工艺处理等情况检查确认后办理交接手续，不经生产负责人同意不得任意拆卸设备管道。

（4）对检修使用的工具、设备应进行详细检查，保证安全可靠。

（5）检修传动设备或传动设备上的电气设备，必须切断电源（拔掉电源熔断器），并经两次启动复查证明无误后，在电源开关处挂上禁止启动牌或上安全锁卡。使用的移动式电气工器具，应配备漏电保护装置。

（6）检修单位应严格执行行业标准 HG 23011～23018—1999《化工企业厂区作业安全规程》，根据检修内容办理相关票证，并检查审批内容和安全措施的落实情况。

（7）检修单位应检查检修中需用防护器具、消防器材的准备情况。

（8）检修现场的坑、井、洼、沟、陡坡等应填平或铺设与地面平齐的盖板，也可设置围栏和警告标志，夜间悬挂警示红灯。检查、清理检修现场的消防通道、行车通道，保证畅通无阻。需夜间检修的作业场所，应设有足够亮度的照明装置。

(9) 应对检修现场的爬梯、栏杆、平台、盖板等进行检查，保证安全可靠。

(10) 检修人员必须按施工方案及作业证指定的范围、方法、步骤进行施工，不得任意更改。

(11) 检修人员在检修施工中应严格遵守各种安全操作规程及相关规章制度，听从现场指挥人员和安技人员的指导。

(12) 每次检修作业前，要检查作业现场及周围环境有无改变，邻近的生产装置有无异常。

(13) 凡距坠落高度基准面 2 m 及其以上，有可能坠落的高处进行的作业，按照规定要求执行。

(14) 一切检修应严格执行企业检修安全技术规程，检修人员要认真遵守本工种安全技术操作规程的各项规定。

(15) 在生产车间临时检修时，遇有易燃易爆物料的设备，要使用防爆器械或采取其他防爆措施，严防产生火花。

(16) 在检修区域内，对各种机动车辆要进行严格管理。

(17) 在危险化学品的生产场所进行检修，要经常与生产岗位联系，当化工生产发生故障、出现突然排放危险物或紧急停车等情况时，应停止作业，迅速撤离现场。

(18) 进入化工生产区域内的各类塔、球、釜、槽、罐、炉膛、烟道、管路、容器以及地下室、阴井、地坑、下水道或其他封闭场所内进行的作业，必须按照行业标准 HG 23012—1999《厂区设备内作业安全规程》执行。

3. 设备检修后的安全要求

(1) 检修完毕后必须做到：①一切安全设施恢复正常

状态；②根据生产工艺要求抽加盲板，检查设备管道内有无异物及封闭情况，按规定进行水压或气密性试验，并做好记录备案；③检修任务书归档保存；④检修所用的工器具应搬走，脚手架、临时电源、临时照明设备等应及时拆除，保持现场整洁。

（2）检修单位会同设备所属单位及有关部门，对检修的设备进行单机和联动试车，验收后办理交接手续。

（3）投料开车前，岗位操作人员认真检查确认维修部位和安全部件，保证其安全可靠，仪表管线畅通。

（4）生产岗位交接班时，操作人员必须将检修中变动的设备管道、阀门、电气、仪表等情况相互交接清楚。

三、化工生产的通风措施

化工生产厂房内的通风，其目的是排除或稀释火灾爆炸性气体、粉尘及有毒有害气体，防止火灾爆炸事故及保持良好的生产环境，保障劳动者的身体健康。

通风分为全面通风和局部通风。全面通风是指向整个房间输送符合人体卫生和生产工艺要求的空气，更换原有的空气。局部通风包括局部吸气和局部送风。局部吸气是指在有毒有害及火灾危险气体发生源附近，把有害物质随同空气一起吸走，以防止有害气体向周围空间散布；局部送风即送入新鲜空气，以稀释室内有毒有害气体的浓度。其采暖通风和空调设计应符合《建筑设计防火规范》等规定。散发爆炸危险性粉尘或有可燃纤维的场所，应采取防止粉尘、纤维扩散和飞扬的措施。散发比空气重的甲类气体、有爆炸危险性粉尘或可燃纤维的厂房的地面不宜设置地坑或地沟，应有防止气体积聚的措施，如设局部风口，或局部机械排风。散发比空气轻的可燃气的厂房，可采用开设天窗等自然通风；在事故状态下，可用强制机械通风。

为了防止有毒有害及火灾爆炸性气体渗透到某些电气、仪表、精密仪器所在的场所，应采用正压通风。正压通风设备的取风口，宜位于上风方向，并应高出地面 9 m 以上，或高于爆炸危险区的 1.5 m 以上。

第三节　危险化学品事故的应急处置与救治

一、危险化学品事故救援中的防护装备与器材

危险化学品事故具有突发性、群体性、紧迫性、复杂性、快速性和高度致命性的特点，事故作用时间长，所造成的危害极大，给人们带来的心理恐怖大，远期效应明显，因此危险化学品事故急救十分重要。在进行危险化学品事故急救过程中，首先一定要做好自身的安全防护。个人防护装备是危险化学品事故抢险救援人员必需的防护装备，救援中应当正确选用。

1. 呼吸防护装备的种类

呼吸防护用品主要分为过滤式和隔绝式两种。过滤式呼吸器只能在不缺氧的环境（即环境空气中氧含量不低于18%）和低浓度毒污染环境下使用，一般不能用于罐、槽等密闭狭小容器中作业人员的防护。过滤式呼吸器主要有防尘呼吸器和防毒呼吸器。隔绝式呼吸器能使呼吸器官与污染环境隔离，由呼吸器自身供气（空气或氧气），或从清洁环境中引入空气维持人体的正常呼吸。可在缺氧、尘毒严重污染、情况不明的危险化学品事故处置场所使用，一

般不受环境条件的限制。按供气形式分为自给式和长管式两种类型。危险化学品事故抢险救援场所的人员主要佩戴隔绝式呼吸器。

2. 呼吸防护装备的正确选用

防尘呼吸器应根据作业场所粉尘浓度、粉尘性质、分散度、作业条件及劳动强度等因素，合理选择不同防护级别的防尘或防微粒口罩。

防毒呼吸器应根据作业场所毒物的浓度、种类、作业条件选择使用，使用者应选择适合自己面型的面罩型号，选定好滤毒罐的种类和品种。

3. 其他防护装备与器材

（1）防护服。防护服的种类有很多，供危险化学品事故应急处理现场人员使用的主要有防毒服和防火服。防毒服分为密闭型和透气型两类。前者在污染较严重的场所使用，后者在轻、中度污染场所使用。其中，送气型防护服整体为密闭式结构，在腋下、袖口、裤口处设置排气阀门，清洁空气从头部送入，由排气阀排出；胶布防毒衣采用特制的防毒胶布缝制拼粘而成，可防止强烈刺激性毒气和烧伤性、脂溶性液体化学物质对皮肤的伤害；透气型防毒衣使用特殊透气性材料缝制，其袖口、裤口设置纽扣或扎带，能防护一定量毒气、毒烟雾对人体的危害；防酸、碱工作服采用耐酸、碱材料制成，保护人体不受酸、碱液体及气雾伤害。

防火服主要用于消防、火灾场所人员的防护，选用耐高温、不易燃、隔热、遮挡辐射热效率高的材料制成。

（2）眼部防护用品。全新的防酸、碱眼罩呈全封闭状，眼面呈斜方形，形状呈弦弧形。软体眼罩左右侧及底部均有透气孔，耳部附有一根强拉力松紧带，可自由调节，在罩体上部有一沟槽，可以防止酸、碱液喷溅时，渗入人体皮肤与罩体的缝隙间。

（3）手、脚部防护用品。在危险化学品作业场所主要使用耐腐蚀的手套和防酸碱靴。常用的耐腐蚀手套有橡胶耐酸碱手套、乳胶耐酸碱手套和塑料耐酸碱手套，应具有耐酸碱腐蚀、防酸碱渗透、耐老化和一定的强力性能，用于手接触酸碱液的防护。防酸碱靴，主要用于地面有酸碱及其他腐蚀性液体或有腐蚀性液体飞溅的场所。防酸碱靴的底和皮应具有良好的耐酸碱性能和抗渗透性能。

二、事故现场人员的紧急自救与互救

危险化学品事故现场急救的目的是挽救伤员生命、稳定病情、减少伤残和减轻痛苦。

1. 一般救治原则

事故现场救治的基本原则是立即解除致病原因，脱离事故现场。将伤员安置于空气新鲜的环境中。如是严重中毒，要立即在现场实施治疗；一般中毒伤员要平坐或平卧休息，密切观察监护，随时注意伤员的病情变化。

对于神志不清的伤员应使其侧卧位，防止气道梗阻，缺氧者应给予氧气吸入，呼吸停止者立即施行人工呼吸，心跳停止者立即施行胸外心脏挤压。

对于皮肤烧伤者，应尽快清洁创面，并用清洁或已消毒的纱布保护好创面，酸、碱及其他化学物质烧伤者用大量流动清水冲洗 20 min 后再进一步处置，禁止在创面上涂敷消炎粉、油膏等。面部灼伤时，要注意眼、耳、鼻、口腔的清洗，眼睛灼伤后要优先彻底冲洗。避免创面污染，不要把水疱弄破。

当伤员发生冻伤时，应迅速复温，复温的方法是采用40～42℃恒温热水浸泡，使其温度提高至接近正常水平，在对冻伤的部位进行轻柔按摩时，应注意不要将伤处的皮肤擦破，以防感染。

对于骨折的伤员，特别是脊柱骨折时，在没有正确固定之前，除止血外应尽量少搬动伤员，以免加重损伤。

切勿随意给伤员饮食，以免呕吐物误入伤员的气管内。

2. 急性化学中毒人员的现场救治要点

对于急性化学中毒的人员，应立即将伤员移离中毒现场，移至空气新鲜场所并给予吸氧，脱掉被中毒人员污染的衣物。

保持中毒人员呼吸道通畅，防止梗阻。密切观察中毒人员的意识、瞳孔、血压、呼吸、脉搏等生命体征，发现异常情况立即处理。

经口中毒，毒物为非腐蚀性者，立即用催吐、洗胃和导泻的办法使毒物尽快排出中毒人员体外。但腐蚀性毒物中毒时，一般不提倡用催吐与洗胃的方法，可通过输液、利尿来加快代谢，使用排毒剂和解毒剂清除已吸入体内的毒物。

保护中毒人员重要的器官的功能，维持体内酸碱平衡，防止水电解质紊乱，防止继发感染、并发症和后遗症。

3. 现场急救的注意事项

（1）染毒区人员撤离现场的注意事项。染毒区人员撤离现场前，应自行或相互帮助戴好防毒面罩或用湿毛巾捂住口鼻，同时穿好防毒衣或雨衣，把暴露在外的皮肤保护起来，以免受到损害。

利用旗帜、树枝、手帕等物体以迅速判明风向。撤离时，应选择安全的撤离路线，避免横穿毒源中心区域或危险地带，防止发生继发伤害。

如遇呼吸心跳骤停的伤员应立即将其运离染毒区，就地立即实施人工心肺复苏，并通知其他医务人员前来抢救，或者边做人工心肺复苏边就近转送医院。

(2) 救援人员进入染毒区域的注意事项。救援人员进入染毒区域前必须事先了解染毒区域的地形，建筑物分布，有无爆炸及燃烧的危险，毒物种类及大致浓度，以此来选择合适的防毒用品，必要时穿好防护衣。

应至少2～3人为一组集体行动，以便互相监护和照应。所使用的救援装备需要具备防爆功能。

进入染毒区的人员必须明确一位负责人，指挥协调在染毒区域的救援行动，最好配备一部对讲机随时与现场指挥部及其他救援队伍联系。

(3) 开展现场急救工作时的注意事项

要备好防毒面罩和防护服，在现场急救过程中要注意风向的变化，一旦发现急救医疗点处于下风向遭受到污染时，立即做好自身及伤员的防护，并迅速将伤员向安全区域转移，重新设置现场急救医疗点。

在事故现场特别是有大批伤员的情况下，现场救援人员应重点搜寻和帮助危重伤员和老、弱、幼、妇群众迅速撤离现场。

在现场安全区域集中设置洗消站，采用脱除污染的衣物、用流动清水冲洗皮肤等方法，及时对被污染的撤出群众进行消毒，防止发生继发伤害。

在为伤员作医疗处置的过程中，应尽可能地保护好伤员的眼睛，切记不要遗漏对眼睛的检查和处理。还要注意对伤员污染衣物的处理，防止发生继发性损害。特别是对某些毒物中毒（如氰化物、硫化氢）的伤员，做人工呼吸会引起救援人员中毒，因此不宜进行口对口的人工呼吸。

三、火灾事故的应急处置要领

1. 扑救危化品火灾的一般对策

（1）扑救初期火灾在尚未扩大到不可控制之前，应尽快用灭火器来控制火灾。迅速关闭火灾部位的上下游阀门，切断进入火灾事故地点的一切物料，然后立即启用现有的各种消防装备扑灭初期火灾和控制火源。

（2）对周围设施采取保护措施。为防止火灾危及相邻设施，必须及时采取冷却保护措施，并迅速疏散受火势威胁的物资。有的火灾可能造成易燃液体外流，这时可使用沙袋或其他材料筑堤拦截流淌的液体或挖沟导流，将物料导向安全地点。必要时用毛毡、湿草帘堵住下水井、阴井口等处，防止火焰的进一步蔓延。

（3）火灾扑救。危险化学品火灾的扑救绝不可盲目行动，应针对每一类化学品，选择正确的灭火剂和灭火方法。必要时采取堵漏或隔离措施，预防次生灾害的扩大。当火势被控制以后，仍然需要派人监护，清理现场，消灭余火。

2. 几种特殊物品的火灾扑救注意事项

（1）扑救液化气体类火灾，切忌盲目扑灭火势，在没有采取堵漏措施的情况下，必须保持稳定燃烧。否则，大量可燃气体泄漏出来与空气混合，遇到火源就会发生爆炸，后果将不堪设想。

（2）对于爆炸物品引起的火灾，切忌用沙土盖压，以免增强爆炸物品爆炸时的威力；扑救爆炸物品堆垛火灾时，水流应采用吊射方式，避免强力水流直接冲击堆垛造成堆垛倒塌再次引起爆炸。

(3) 对于遇湿易燃物品引起的火灾，绝对禁止用水、泡沫、酸碱等湿性灭火剂扑救。

(4) 氧化剂和有机过氧化物的灭火过程比较复杂，应针对具体物质进行具体分析。

(5) 扑救毒害品和腐蚀品的火灾时，应尽量使用低压水流或雾状水，避免腐蚀品、毒害品溅出；遇到酸类或碱类腐蚀品，最好调制相应的中和剂稀释中和。

(6) 易燃固体、自燃物品一般都可用水和泡沫扑救，只要控制住燃烧范围，逐步扑灭即可。但仍有少数易燃固体、自燃物品的扑救方法比较特殊。如 2，4-二硝基苯甲醚、二硝基萘、萘等是易升华的易燃固体，受热放出易燃蒸汽，能与空气形成爆炸性混合物，尤其在室内，易发生爆燃，在扑救过程中应不时向燃烧区域上空及周围喷射雾状水，并消除周围一切火源。

注意：发生危险化学品火灾时，灭火人员不应单独灭火，而是应该 2～3 人一组，相互照应。灭火时出口应始终保持畅通，发生意外情况时要保证人员能够及时撤出。

四、爆炸事故的应急处置要领

发生危险化学品爆炸事故时，一般应采取以下应急处置对策：

1. 迅速判断和查明再次发生爆炸的可能性和危险性，紧紧抓住爆炸后和再次发生爆炸之前的有利时机，采取一切可能的措施，全力制止再次发生爆炸。

2. 切忌用沙土盖压，以免增强爆炸物品爆炸时的威力。

3. 如果有疏散可能，人身安全确有可靠保障，应迅即组织力量及时疏散着火区域周围的爆炸物品，使着火区域周围形成一个隔离带。

4. 扑救爆炸物品堆垛时，水流应采用吊射方式，避免强力水流直接冲击堆垛，以免堆垛倒塌再次引起爆炸。

5. 灭火人员应尽量利用现场现成的掩蔽体或尽量采用卧姿等低姿态射水，尽可能地采取自我保护措施。消防车辆不要停靠在离爆炸物品太近的水源处。

6. 灭火人员发现有发生再次爆炸的危险时，应立即向现场指挥报告，现场指挥应迅速作出准确判断，确有发生再次爆炸征兆或危险时，应立即下达撤退命令。灭火人员看到或听到撤退信号后，应迅速撤至安全地带，来不及撤退时，应就地卧倒。

五、泄漏事故的应急处置要领

1. 进入泄漏现场的注意事项

进入泄漏现场进行应急处理时，一定要注意安全防护：

（1）进入现场的救援人员必须佩戴必要的个人防护器具。

（2）如果泄漏物是易燃易爆的，事故中心区应严禁火种，切断电源，禁止车辆进入，立即在边界设置警戒线。

（3）如果泄漏物是有毒的，应使用专用防护服、隔绝式空气面具，并立即在事故中心区边界设置警戒线。

（4）应急处理时严禁单独行动，要有监护人，必要时用水枪、水炮进行掩护。

2. 确保人员安全

在确保人员安全的前提下，救援人员应尽快关阀堵漏。根据实际情况，可以采取关闭阀门、停止作业或改变工艺流程、局部停车、打循环、减负荷运行等，采用合适的材料和技术手段堵住泄漏处。

3. 对泄漏物的处理

处理泄漏物时，通常有以下几种方法：

（1）围堤堵截。筑堤堵截泄漏液体或者引流到安全地点。储罐区发生液体泄漏时，要及时关闭雨水阀，防止物料沿明沟外流。

（2）稀释与覆盖。向有害物蒸汽云喷射雾状水，加速气体向高空扩散。对于可燃物，也可以在现场施放大量蒸汽或氮气，破坏燃烧条件。对于液体泄漏，为降低物料向大气中的蒸发速度，可利用泡沫或者其他覆盖物品覆盖外泄的物料，在其表面形成覆盖层，抑制其蒸发。

（3）收集。对于大型泄漏，可选择用隔膜泵将泄漏出的物料抽入容器内或槽车内；当泄漏量小时，可用沙子、吸附材料、中和材料等吸收中和。

（4）废弃。将收集的泄漏物运至废物处理场所进行处置。用消防水冲洗剩下的少量物料，冲洗水排入污水系统进行处理。

4. 努力减轻泄漏危险化学品的毒害

参加危险化学品泄漏事故处置的车辆应停于上风方向，消防车、洗消车、洒水车应在保障供水的前提下，从上风方向喷射开花或喷雾水流对泄漏出的有毒有害气体进行稀释、驱散；对泄漏的液体有害物质可用沙袋或泥土筑堤拦截，或开挖沟坑导流、蓄积，还可向沟、坑内投入中和

（消毒）剂，使其与有毒物直接起氧化、氯化作用，从而使有毒物改变性质，成为低毒或无毒的物质。对某些毒性很大的物质，还可以在消防车、洗消车、洒水车水罐中加入中和剂（浓度比为5%左右），则驱散、稀释、中和的效果更好。

5. 搞好现场检测

应不间断地对泄漏区域进行定点与不定点的检测，以及时掌握泄漏物质的种类、浓度和扩散范围，恰当地划定警戒区。

6. 把握好灭火时机

当危险化学品大量泄漏，并在泄漏处稳定燃烧，在没有制止泄漏绝对把握的情况下，不能盲目灭火，一般应在制止泄漏成功后再灭火。否则，极易引起再次爆炸、起火，将造成更加严重的后果。

六、中毒事故的应急处置要领

1. 中毒事故现场应急处置的一般原则

发生毒物泄漏事故时，现场人员应分头采取以下措施：

按报送程序向有关部门领导报告；通知停止周围一切可能危及安全的动火、产生火花的作业，消除一切火源；通知附近无关人员迅速离开现场，严禁闲人进入毒区等。

进行现场急救的人员应遵守以下规定：

（1）参加抢救人员必须听从指挥，抢救时必须分组有序进行，不能慌乱。

（2）救护者应戴好防毒面具或氧气呼吸器、穿好防毒服后，从上风向快速进入事故现场。

（3）迅速将伤员从上风向转移到空气新鲜的安全地方。

（4）救护人员在工作时，应注意检查个人危险化学品应急救援防护装备的使用情况，如发现异常或感到身体不适时要迅速离开染毒区。

（5）假如有多个中毒或受伤的人员被送到救护点，应按照“先救命、后治病，先重后轻、先急后缓”的原则分类对伤员进行救护。

2. 窒息性气体中毒的现场急救

一氧化碳、硫化氢、氮气、光气、双光气、二氧化碳及氰化物气体等统称为窒息性气体，它们引起急性中毒事故的共同特点是突发性、快速性和高度致命性，经常来不及进行抢救。因此，一旦发现此类窒息性气体的现场有人中毒昏倒，单凭勇敢精神和搭救愿望贸然进入毒源区，非但救不了他人，反而会危害自己。应当采取“一戴二隔三救出”的急救措施。

“一戴”。施救者应立即佩戴好输氧或送风式防毒面具；无条件的施救者可佩戴防毒口罩，但需注意口罩型号要与毒物防护种类相符，腰间系好安全带或绳索，方可进入高浓度毒源区域施救。由于防毒口罩对毒气滤过率有限，故佩戴者不宜在毒源处时间过久，必要时可轮流或重复进入。毒源区外人员应严密观察、监护，并拉好安全带（或绳索）的另一端，一旦发现危情迅速令其撤出或将其牵拉出。

“二隔”。由施救人员携带送风式防毒面具或防毒口罩，并尽快将其戴在中毒者口鼻上，紧急情况下也可用便携式供氧装置（如氧气袋、瓶等）为其供氧。此外，毒源区域迅速通风或用鼓风机向中毒者方向送风也有明显效果。

“三救出”。抢救人员在“一戴、二隔”的基础上，争分夺秒地将中毒者移离出毒源区，进一步作医疗急救。一般以 2 名施救人员抢救 1 名中毒者为宜，可缩短救出时间。

七、有限空间作业人员伤害的急救措施

1. 现场抢险救援

（1）现场应急指挥负责人和应急人员首先对事故情况进行初始评估。根据观察到的情况，初步分析事故的范围和扩展的潜在可能性。

（2）使用检测仪器对有限空间有毒有害气体的浓度和氧气的含量进行检测。也可采用动物（如白鸽、白鼠、兔子等）试验方法或其他简易快速的检测方法作辅助检测。

（3）根据测定结果采取加强通风换气等相应的措施，在有限空间的空气质量符合安全要求后方可作业。

（4）抢险人员要穿戴好必要的劳动防护用品（呼吸器、工作服、工作帽、手套、工作鞋、安全绳等），系好安全带，以防受到伤害。

（5）在有限空间内作业用的照明灯应使用 12 V 以下的安全行灯，照明电源的导线要使用绝缘性能好的软导线。

（6）发现有限空间内有受伤人员，抢险人员用安全带系好被抢救者两腿根部及上体妥善将其提升，使受伤者安全脱离危险区域，避免影响其呼吸或触及受伤部位。

（7）抢险过程中，有限空间内抢险人员与外面监护人员应保持通信联络的良好畅通，确定好联络信号，在抢险人员撤离前，监护人员不得离开监护岗位。

（8）抢险人员应及时救出伤员并对其进行现场急救，将伤员转送医院治疗。

2. 伤员现场救护

（1）中毒急救

①由呼吸道中毒者，应迅速离开现场，到新鲜空气流通的地方。

②经口服中毒者，立即洗胃，并用催吐剂促其将毒物排出。

③经皮肤中毒者，必须用大量的清洁自来水洗涤。

眼、耳、鼻、咽喉黏膜损坏，引起各种刺激症状者，需分轻重，先用清水冲洗，然后由专科医生进行处理。

（2）缺氧窒息急救

①迅速撤离现场，将窒息者移到有新鲜空气的通风处。

②视情况对窒息者输氧或进行人工呼吸等，必要时将严重者速交医生处理。并拨打“120”急救电话。

③佩戴呼吸器者，一旦感到呼吸不适，应迅速撤离现场，呼吸新鲜空气，同时检查呼吸器有无问题，及时更换合格的呼吸器。

八、化学灼伤的应急处置要求

发生化学灼伤，由于化学物质的腐蚀作用，如不及时将其除掉，就会继续腐蚀下去，从而加剧灼伤的严重程度，某些化学物质如氢氟酸的灼伤初期无明显的疼痛，往往不受重视而贻误治疗时机，从而加剧了灼伤程度。一旦发生化学灼伤，应当立即进行现场急救和处理。

1. 迅速脱去衣物，清洗创面

当化学物质接触到人体组织时，应迅速脱去衣物，立即用大量清水冲洗创面，不应延误时机，冲洗时间不得小于 20 min，以利于将渗入毛孔或黏膜内的物质清洗出去。清洗时要遍及各个受害部位，尤其要注意眼、耳、鼻、口腔等部位。对眼睛的冲洗一般用生理盐水或用清洁的自来水，冲洗时水流不宜正对角膜方向，不要揉搓眼睛；也可将面部浸入在清洁的水盆里，用手把上下眼皮撑开，用力睁大双眼，头部在水中左右摆动。

2. 进行现场急救

抢救时必须考虑现场的具体情况，在有严重危险的情况下，应首先使伤员安全撤离现场，运送到空气新鲜和流通的地方，迅速脱去被污染的衣物及佩戴的防护用品等。

小面积的化学灼伤创面经过冲洗后，如确实致伤物已被消除，可根据灼伤部位及灼伤深度采取包扎疗法或暴露疗法；中、大面积化学灼伤，经现场抢救处理后应送往医院进行处理。

九、常见气体中毒的急救措施

1. 硫化氢中毒的急救

硫化氢是强烈的神经毒物，对黏膜具有强烈的刺激作用。高浓度时直接抑制呼吸中枢，甚至引起窒息死亡。

硫化氢中毒的现场急救方法是：皮肤接触者，应脱去被污染的衣物，用清水冲洗皮肤，立即就医；眼睛接触者，立即翻开上下眼皮用清水冲洗不少于 15 min，立即就医。吸入中毒者，应迅速使其撤离现场送至空气新鲜处，脱掉被污染的衣物，同时注意保暖休息。吸入量较多，造成呼吸困难的人员要及时输氧，送往医院进行治疗。吸入量大，造成呼吸停止、窒息的人员要立即对其进行人工呼吸与强制供氧，待恢复呼吸后，送往医院进行治疗。

注意事项：硫化氢为高毒物，在有毒区救人必须佩戴隔绝式呼吸器，且不能在有毒区摘下呼吸器，防止中毒。硫化氢为易燃易爆气体，救人时要注意防火防爆。禁止对硫化氢中毒人员采用口对口的人工呼吸，防止吸入中毒人员呼出的硫化氢气体。

2. 一氧化碳气体中毒的急救

一氧化碳在血液中与血红蛋白结合而造成组织缺氧。轻度中毒者出现头痛、心悸、恶心等症状；中度中毒者还有面色潮红、步态不稳、意识模糊；重度中毒者出现昏迷不醒、频繁抽搐、大小便失禁等；深度中毒者可致死亡。长期反复吸入一定量的一氧化碳可以导致神经和心血管系统损害。

一氧化碳气体中毒的现场急救方法是：

低浓度一氧化碳场所且氧含量高于18%时，可佩戴过滤式防毒面具，也可用湿毛巾捂住口鼻进入现场救人。一氧化碳浓度较高或氧含量低于18%时，必须佩戴隔绝式呼吸器进入现场。

对于吸入中毒、轻度中毒者，应迅速使其撤离有毒场所送到空气新鲜处，注意休息与保暖。中度中毒者，必要时采取吸氧或送往医院治疗。重度中毒者，立即在原地对其进行抢救，解开伤员上衣扣子，使其呼吸道保持畅通。对昏迷且有自主呼吸者，立即供氧，对无自主呼吸的要立即采取强制供氧与人工呼吸、胸外心脏挤压等急救措施。在不影响救护的前提下，抬离有毒区域或送往医院进行抢救。

注意事项：在现场救护时，注意防火防爆。使用氧气时不要与有机溶剂接触，气管接头要可靠密封。没有个人防护装备的禁止进入有毒区域。

3. 氯气中毒的急救

氯气对眼、呼吸系统黏膜具有刺激作用。可引起迷走神经兴奋、反射性心跳骤停，长期低浓度接触，可引起慢性支气管炎、支气管哮喘和肺气肿。

氯气引起中毒的现场急救方法是：

皮肤接触者，应脱去被污染的衣物，立即用大量清水彻底清洗皮肤达 20 min 以上，若有灼伤送往医院进行治疗。眼睛接触者，应立即翻开上下眼皮，用大量流动清水彻底冲洗眼睛达 20 min 以上，然后就医治疗。

对于吸入中毒者，轻度中毒者，应迅速撤离现场到空气新鲜处，保持呼吸畅通。中度中毒者，有呼吸困难现象的要立即输氧，并送往医院进行治疗。重度中毒者，窒息与昏迷者，立即对其进行人工呼吸与强制供氧，在不影响救护的前提下送往医院进行抢救。

注意事项：高浓度有毒区域只能用隔绝式呼吸器，在氧含量高于 18%的有毒区域救人，可使用具有防氯功能的过滤式呼吸器。救人时，不得将呼吸面罩摘下换气，防止中毒。

4. 氨气中毒的急救

低浓度氨对黏膜具有刺激作用，高浓度可造成组织溶解性坏死，引起肺炎及灼伤。如不慎溅入眼内，可致晶体浑浊、角膜穿孔，甚至失明。

氨气中毒的现场急救方法是：

皮肤接触者，脱去被污染的衣物，立即用大量清水彻底清洗 20 min 以上，若有灼伤送往医院进行治疗。眼睛接触者，立即翻开上下眼皮，用大量流动清水彻底冲洗 20 min 以上，然后就医治疗。

对于吸入中毒，轻度中毒者，要迅速撤离现场到空气新鲜处，保持呼吸畅通。中度中毒者，有呼吸困难的现象，立即输氧，并送往医院进行治疗。重度中毒者，窒息与昏迷者，立即对其进行人工呼吸与强制供氧，在不影响救护的前提下送往医院进行抢救。

注意事项：在有毒区域佩戴呼吸器救人时切不可将面罩摘下换气，防止发生中毒。氨气为易燃易爆气体，深入有毒区域救人时要注意防火防爆。

5. 二氧化硫中毒的急救

二氧化硫对眼及呼吸道黏膜具有强烈的刺激作用，大量吸入可引起肺水肿、喉水肿、声带痉挛而窒息。

二氧化硫中毒的现场急救方法是：

皮肤接触者，脱去被污染的衣物，用流动清水彻底清洗 20 min 以上，立即就医。眼睛接触者，立即翻开上下眼皮，用流动清水冲洗 20 min 以上，然后迅速去医院进行治疗。

对于吸入中毒，轻度中毒者，迅速脱离现场至空气新鲜处。中度中毒者，有呼吸困难的现象时，要及时给予输氧，并送往医院进行治疗。重度中毒者，有窒息、昏迷、呼吸停止的现象，要立即对其进行人工呼吸与强制供氧，在不影响救护的情况下送往医院进行治疗。

注意事项：二氧化硫属于中等毒性物质，对人体危害较大，救人时最好使用隔绝式呼吸器。现场救护人员事后均应进行医疗体检以防止意外情况的发生。

☆事故案例

事故案例一：操作工错开阀门造成的眼部受伤事故

1. 事故经过

2003 年 3 月 14 日上午 8 时，湖北某化工厂在生产过程中，白班操作工王某接到上班反映，说是六放阀堵塞，于是通知维修工来修理。维修工刘某、李某两人接受检测并更换六放阀的任务后，来到七号机，叫王某充压试一下，王某急忙赶到操作台前打开六出阀，再开六放阀，发现压力已经被卸掉。王某回到操作室后，刘某说："会不会是七放阀堵塞?"李某说："接受任务时是六放阀，不如再试一遍。"王某二话没说又来到操作台，刚打开阀门，就有气体从七段缸出口管冲出，这才意识到错开了七出阀，立即关闭，但是这股气冲到正在装换七段活塞环的1名维修工的脸上，导致他的眼部受伤。发生了一起操作工盲目操作，错开阀门，导致1名正在检修压缩机汽缸活塞的维修工眼部受伤的事故。

2. 事故原因分析

造成事故的直接原因：操作工王某疏忽大意，也不认清阀门，抓住就开，当听到身后有气体冲出时，虽然迅速关闭了阀门，但是已经造成他人被伤害。

造成事故的间接原因：一是操作人员与维修人员之间缺乏协调和协作精神，没有全局观念，相互之间缺乏照应。二是操作人员和维修人员的技术素质不高，安全意识不强，对事故预防的认识不足。

3. 事故教训与防范措施

（1）车间及时召开事故分析会，让全车间职工迅速了解事故的原因及经过，接受教训，从思想上得到警示教育。

（2）全车间职工针对这起伤害事故都写出了书面认识，并制订了预防和整改措施，以防止类似事故再次发生。

（3）车间将加大对违章违纪行为的考核，不姑息养奸，严格追究，把职工的思想和行为统一到正常稳定的安全生产轨道上来。

事故案例二：化工厂工人作业不戴面具中毒死亡事故

1. 事故经过

2000年12月22日凌晨，某化工公司一车间一班班长李某在班前检查时，发现吸收液循环泵流量偏低，提醒一组副操作工王某巡检时注意防冻。2时30分左右，该车间丙酮氰醇工段化工一组副操作工王某，在没有戴防毒面具，没有带氢氰酸报警仪，而且也没有得到当班班长指派的情况下，一人违章进入现场，处理吸收液管线。2时40分左右，班长李某及主操作工发现丙酮氰醇控制室固定式氢氰酸报警仪报警，李某立即带人到现场进行检查，在丙酮氰泵房西侧门口内，发现一组副操作工王某中毒倒地。李某等人立即将其移至门外空气新鲜处，对其进行人工呼吸并注射抗氰针，同时向急救站报告。3时03分左右，王某被送至医院，经抢救无效死亡。

2. 事故原因分析

造成事故的直接原因：一组副操作工王某违反工厂安全规章制度，思想麻痹大意，自我保护意识差，冒险进入危险区域，导致中毒死亡。

造成事故的间接原因：当班班长李某对班组人员管理不严，安全教育不够，没有对班组成员进行有针对性的思想教育，没有对人员违章行为及时纠正。

3. 事故教训与防范措施

（1）认真学习和严格执行各种规章制度，狠抓各种习惯性违章，强化安全监察。凡是进入有毒区域作业，必须两人以上，带上便携式报警仪，戴好面具，穿上防护鞋。违反规定者，一律按违章作业进行处理。

（2）加强氰化物防护和防治知识培训，提高车间领导、职能人员及班组长的安全管理水平，堵塞漏洞，杜绝类似事故的再次发生。

事故案例三：回收车间清除槽内残留母液人员中毒事故

1. 事故经过

2000年1月11日中午，某化工厂回收车间硫铵乙班班长张某，带领刘某、许某清除槽内残留母液。该槽直径1.6 m、深3.53 m，残液深度0.8 m；残液成分为硫酸铵，浓度为3%。在作业中，班长张某让刘某站在槽北侧放桶、提桶，许某配合；自己沿直梯下到槽内，踩在直梯上用桶取母液，刘某拽绳子用桶往外提。提取三四桶母液后，刘某发现桶漏，让许某去换桶。12时25分，二楼离心机岗位人员听见刘某呼喊："快叫人，出事了。"这时许某返回工作现场，看见班长张某在槽中手扶直梯挣扎，刘某在液槽中用肩膀扛住班长的臀部往上顶。待现场人员赶到现场，将两人救出，急忙送往医院进行抢救，张某属于化学烧伤住院治疗，刘某因化学液体窒息，经抢救无效死亡。

2. 事故原因分析

造成事故的直接原因：因为作业前蒸气截门不严，槽内母液升温，化学物质挥发、氧气不足，致使发生事故。

造成事故的间接原因：一是由于临时性工作，安全措施缺少针对性，导致人员冒险作业。二是工段长在安排人员清理流槽残液时，未交代上午曾用蒸气吹残液过程，交底不细。

3. 事故教训与防范措施

(1) 以这次事故为重点，对全厂职工进行一次"安全第一”的思想教育，进行规章制度落实，安全隐患整改，“三违”现象是否存在的安全大检查。

（2）进一步强化进入临时性作业的安全管理，严格按规定办理各种作业票，认真吸取这次事故的教训。今后在进行临时性作业前，必须制订安全技术措施方案，向职工交底，并予以落实，才能作业。

（3）要进一步强化管理，对全厂的安全管理制度进一步修改和完善，并组织全体职工认真学习、掌握，明确、落实安全职责，杜绝违章指挥、违章作业，确保全厂的安全生产。

讨论题：

1. 化工企业生产有哪些特点？
2. 化工生产事故有哪些特点？
3. 化工企业常见的事故原因有哪些？
4. 化工生产运行的安全要求是什么？
5. 化工生产紧急处理的安全要求是什么？
6. 设备检修作业前的安全要求是什么？
7. 设备检修中的安全要求有哪些？
8. 设备检修后的安全要求有哪些？
9. 呼吸防护装备有哪些种类？
10. 开展现场急救工作时有哪些注意事项？
11. 扑救危险化学品火灾的一般对策是什么？
12. 进入泄漏现场有哪些注意事项？
13. 发生人员中毒事故应急处置的原则是什么？
14. 发生有限空间作业人员伤害的急救措施有哪些？
15. 发生化学灼伤的应急处置要求有哪些？

第六章　烟花爆竹企业意外伤害

我国是烟花爆竹的生产、消费和出口大国，目前有烟花爆竹生产企业约 7 000 家，销售企业约 14 万家，从业人员 150 万人；烟花爆竹的产值约 120 亿元，出口总值约 3.4 亿美元，产量约占世界的 75%。烟花爆竹对促进就业，推动经济的发展起到了重要的作用，并已经成为一些地方区域经济发展的支柱产业。

第一节　烟花爆竹企业的生产特点与事故类别

一、烟花爆竹企业的生产特点

烟花爆竹行业属于劳动密集型的高危行业，具有生产企业规模小，工艺设备简单，技术含量低，投资成本小，风险高的特点。近年来，由于烟花爆竹行业安全管理不规范，非法生产情况比较普遍，导致烟花爆竹安全事故时有发生。据统计，自 1985 年到 2005 年 11 月全国各地总计发生烟花爆竹安全事故 8 532 起，死亡 9 349 人，平均每年发生事故 406 起，死亡 445 人。

生产烟花爆竹的企业除了要进行全员培训外，还必须对高危岗位的作业人员进行专业技术培训。在烟花爆竹生产过程中，药物混合、造粒、筛选、装药、筑药、压药、切药、搬运等工序高度危险，这些工序的作业人员时时都接触、使用火药，而这些药品又都是比较敏感的，静电、摩擦、碰撞、干燥、潮湿等因素都有可能引发事故，这些岗位的作业人员如果不熟练掌握岗位操作规程、相关专业技术知识、安全防护知识，盲目作业或违规操作，哪怕是稍有不慎或疏忽，就可能引发事故，而一旦发生事故，不仅对作业人员本人，而且会对他人和周围设施造成很大的伤害。

继2005年北京市对烟花爆竹燃放实行“禁改限”之后，全国许多城市也由禁放改为限制燃放或者完全放开，这使烟花爆竹市场需求大量增加，安全隐患也随之增大。为了预防意外事故的发生，切实保障公共安全和人身、财产安全，有必要通过完善现行法律制度，依法加强对烟花爆竹行业的安全管理。

二、烟花爆竹事故的类别

烟花爆竹企业在生产过程中存在着许多危险性，药物混合、造粒、筛选、装药、筑药、压药、切药、搬运等许多工序都属于危险工序，稍有不慎，就会引发各种事故。烟花爆竹行业发生的事故大致可以分为以下几类：

1. 自燃自爆事故

这类事故是由不需外因作用的化学反应造成的，其原因：一是原材料问题。原材料纯度不够、含杂质高，或材料超过保质期变质等。二是原材料或药物受潮等。三是配伍不当或辅助材料（如米汤、糨糊等）变质等。四是烟火药散热不彻底、干燥不彻底等。

2. 机械能作用事故

机械能作用事故是由外力（机械能）作用造成的，其原因：一是违反操作方法。如操作时摩擦、撞击、拖拉、用力过猛以及未使用专用的工具等。二是干燥方法不当。如干燥（日晒、烘房）时超过规定温度、倒架、使用明火烘烤、药架离热源太近等。三是销毁废品方法不当。四是机械设计、制造缺陷或机械发生故障引发事故。

3. 自然灾害事故

自然灾害事故指由山火、山洪、地震、雷击等难以抗拒的自然因素所导致的事故。

4. 其他事故

这类事故是由静电积累、火源、电源、小动物啃咬等引发的，既与自燃自爆事故和机械能作用事故有相似之处，又有别于它们。

三、烟花爆竹事故发生的原因

发生烟花爆竹事故的原因主要有：

1. 安全意识淡薄，规章制度不落实，违反操作规程

企业管理不善，规章制度不落实，从业人员素质低下、思想麻痹、安全生产意识淡薄，违反操作规程等。这是烟花爆竹行业发生事故的主要原因。

2. 忽视工作条件和环境

工作条件和环境是保证安全生产的重要方面，有许多事故是由于忽视工作条件和环境造成的。例如，机械设备、工具不符合要求，电气开关防爆不良，工作场地通风不良，光线不足；操作场所堆积物过多造成疏散通道不畅，出入通道太窄，工作空间拥挤，地面不清洁，厂房布局不合理，甚至野生、家养动物的活动引起的碰击都可能引起事故发生。

3. 药物配方存在问题

在烟火药剂中有的化学原材料稳定性极差，很容易因极轻微的摩擦撞击而发生爆炸，有时还会产生自燃自爆。一些生产厂家的技术人员缺乏物理、化学和烟火学等方面的基础理论知识，靠自己在试验中配制的药方进行原始的爆炸试验，其中许多涉及药物安全的理化性能和爆炸性能参数未能经科学检测，便自作主张投入生产，从而导致生产环节爆炸事故的发生。如有扫地扫燃的，走路踩燃的，筛药筛燃的，搅拌拌燃的，倒药自燃的等，还有因操作中轻微的振动、抖动发生爆炸的。如果对这些药品进行敏感度试验，便可知道哪些药品生产过程中极易发生事故。

4. 存药量过大

存药量小爆炸威力就小，对人员的伤害轻，对建（构）筑物毁坏程度也轻。相反，存药量过大，药物引起连锁反应爆炸的概率增大，对人的杀伤力大，对建（构）筑物和机器设备损毁严重，这是很浅显的道理。在这方面，一些生产烟花爆竹的工厂从血的教训中总结出的“小型、分散、少量、多次、勤运走”的科学原则值得借鉴和推广。但是这方面的问题常常被忽视，特别是在生产旺季或突击任务时，为了赶生产任务，减少操作工人往返领取药料的麻烦，便对生产操作人员的领药以及带药半成品、成品操作工序的建筑物内的计算药量不加限制，从而导致重、特大爆炸事故的发生。

5. 人员拥挤、疏散通道不畅

在一个有限的空间内，人多拥挤，个人的行为难免受到别人的影响和干扰，导致失态，此时地面如散落有药尘，重、特大爆炸事故的发生就在所难免。分析国内发生的特大事故，绝大多数都存在“人多拥挤和疏散不畅”的问题。导致人多拥挤和疏散不畅的间接原因有三点：一是在生产旺季时赶任务，临时增加操作人员，加班加点；二是安全管理出现漏洞，不认真执行规章制度；三是一些企业的工人，甚至管理人员不懂得安全疏散的重要性，发生事故时人员不能及时疏散，导致事故发生时大量人员伤亡。

6. 静电引发爆炸

如果带电体与大地绝缘，或其本身是绝缘体时，就有积聚静电的条件，当其电压达到一定强度时，周围的空气被击穿，就会产生放电电弧，放电产生的高热如遇到烟火药剂，就可能引起爆炸或燃烧事故。

第二节　烟花爆竹生产中的职业危害

一、烟花爆竹生产中的职业危害

烟花爆竹生产中的职业危害主要是药物中毒和有害粉尘。

在烟花爆竹生产中，工业毒物的来源主要是生产过程中工人直接接触和生产过程中产生的一些有毒物质。

（1）在引起炸药生产过程中的有害物质。这些物质包括：氨、丙酮、乙酸乙酯、苯、苯的硝基化合物及其同系物，各种氮氧化物，一氧化碳、汞、铅及其无机化合物、二氧化硫、硫化氢、盐酸、乙醛、氢氰酸、雷汞、硝酸等。

（2）烟火药剂生产过程中的有害物质。在烟火药剂的药物粉碎、过筛、配制、筑药、装药的过程中，必须接触烟火药剂。这些物质大多数是有毒的物质。

二、职业危害的个人防护

根据工业毒物进入人体的途径和烟花爆竹防静电的要求，生产工人在个人防护和个人卫生方面应该做到以下几点：

（1）上班时，每个人要根据自己的工种穿好棉布（或防静电）工作服、导电工作鞋，戴好工作帽、防尘口罩。

（2）根据工种的需要戴好工作手套。手上有伤口时，不能当班。

（3）上班时，禁止将食品带入工作场所，不要在工作时和工作场所吃东西。

（4）休息时、吃东西前要洗漱干净。下班后要洗澡。

（5）不要在工房内休息，要在专用休息室内休息。

（6）工作服不要和便服放在一起，工作服、帽、鞋要定期进行清洗，口罩和手套每班都要清洗。

三、烟花爆竹安全生产须知

烟花爆竹行业是特殊行业、高危险行业。从业人员必须严格遵守《烟花爆竹劳动安全技术规程》和所在企业安全生产规章制度。

（1）从业人员必须接受安全生产知识教育，从事药物混合、造粒、筛选、装药、筑药、压药、切药、搬运等危险工序的作业人员必须接受专门的技术培训，经所在区的市人民政府安全生产监督管理部门考核合格，方可上岗作业。

（2）不准携带火柴、打火机等火源进入生产区，不准在生产区域内吸烟。

（3）不准带小孩及未经许可的非工作人员进入生产区，严禁串岗，未经许可不准脱岗。

（4）不准携带无线电通信工具进入A级生产厂房、仓库及粉尘药物区。

（5）不准两人以上同时进入各种有药中转库、烘房、仓库，不准两人以上从事各种药物运输和装卸。

（6）不准穿化纤衣服、空背心、短裤、裙、硬底鞋、拖鞋，不准赤膊、赤脚进入生产区。

（7）不准睡眠不足、酒后及情绪不稳定时上班，工作时间内不准打牌。

（8）不准堵塞通道或闩门生产，厂房通道和风雨走廊不准堆放任何货物。

（9）不准在C级厂房内进行A级工艺生产操作，不准蹲姿进行生产。

（10）不准老、弱、病、残、未成年人及孕妇从事有药工种生产。

（11）严格遵守各工序的药物限量规定，严禁超领、超存、超量。

（12）认真遵守“三轻”“四不”规定，即轻拿、轻放、轻运；不拖、不推、不擦、不撞。

（13）认真执行“小型、分散、少量、多次、勤运走”十一字安全规定。

（14）严禁使用铁质、塑料、化纤材料工具进行有药操作。

（15）新职工进厂、老职工变换工种，都必须经过技术、安全培训，掌握好安全生产知识及规程，达到技术要求后方能上岗，未经安全生产教育和培训合格的从业人员，不得上岗作业。

(16) 上班前，首先必须检查各项安全设施是否齐全有效，备好安全水，实行文明生产，下班前按规定清扫工作场地，清除药尘和余药、废药，生产垃圾应送到指定地点进行定期处理。

(17) 必须按规定使用厂房，严禁擅自改变厂房用途和生产工艺流程。

(18) 仓库严禁氧化剂与可燃物混存，半成品、成品、药物不准滞留在车间过夜，下班时应清洗厂房、工作台和工具，并关门落锁。

(19) 不准私自将药物和产品携带出厂。

(20) 必须服从领导，听从调度和安排，按规定的时间上、下班，不准无故旷工、迟到、缺席各种会议、培训和学习，如有特殊情况按请假制度执行。

第三节　烟花爆竹事故的应急处置与救治

一、烟花爆竹事故的应急处置

针对烟花爆竹事故的特点，事故发生单位和现场应急救援指挥部应按照以下程序进行紧急救援。

(1) 发生烟花爆竹事故，现场人员要尽快撤离现场，并采取一切办法把事故信息传送到应急救援指挥中心。

(2) 单位主要负责人应当按照本单位制订的应急预案，立即组织救援，并立即报告当地安全生产监督管理局和公安、消防、交警、环境保护、质监、气象等部门，各部门要立即赶赴事故现场。

（3）区县人民政府接到事故报告后，立即按照本区县的烟花爆竹事故应急预案，做好指挥、领导工作。区县负责烟花爆竹安全监督管理综合工作的部门和环境保护、公安、卫生等有关部门，按照当地应急预案要求组织实施救援，不得拖延、推诿。区县人民政府及其有关部门应当立即采取必要措施，减少事故的损失，防止事故的蔓延、扩大。

（4）当区县人民政府确定烟花爆竹事故不能很快得到有效控制或已造成重大人员伤亡时，立即向市政府办公室报告，请求市烟花爆竹应急救援指挥部给予支援。指挥部各成员单位接到通知后立即赶赴事故现场，开展救援工作。

二、烟花爆竹事故现场的处置程序

1. 隔离、疏散

（1）建立警戒区域。事故发生后，应根据烟花爆竹火焰热辐射、爆炸所涉及的范围建立警戒区，并在通往事故现场的主要干道上实行交通管制。

（2）紧急疏散。迅速将警戒区及污染区内与事故应急处理无关的人员撤离，以减少不必要的人员伤亡。

2. 防护

根据事故划定的危险区域，确定相应的防护等级，并根据防护等级标准配备相应的防护器具。

3. 询情和侦检

（1）询问遇险人员情况，周边单位、居民、地形、电源、火源等情况，消防设施、工艺措施、到场人员处置意见。

（2）使用检测仪器测定燃烧残物的浓度、扩散范围。

（3）确认设施、建（构）筑物险情以及可能引发爆炸燃烧的各种危险源，确认消防设施运行情况。

三、烟花爆竹事故现场的急救措施

烟火药引起的爆炸、燃烧事故，必须及时地、科学地进行现场自救、互救和抢救。首先应消除继发性爆炸和燃烧的基本条件，然后对伤病员进行临时性的紧急救护，抢救伤病员的生命。

现场救护实际应用的基本方法是：①迅速将火源附近可燃物质转移到安全处；②切断电源，使用各种工具和灭火物质进行灭火；③迅速将伤员从危险区抢救到安全地点，并进行临时急救。

发生事故的现场，往往围观的人多，影响抢救工作的正常开展，延误抢救时间，甚至造成抢救人员不必要的伤亡。因此要有正确统一的现场指挥和维护秩序的治安人员，疏散围观者，让开通道，协助救护人员迅速有效地开展工作。

1. 现场急救的注意事项

（1）选择有利地形设置急救点。

（2）做好自身及伤病员的个体防护。

（3）防止发生继发性损害。

（4）应至少 2～3 人为一组集体行动，以便相互照应。

（5）所用的救援器材需具备防爆功能。

2. 现场处理

烟花爆竹具有易燃、易爆、有毒等特点，在生产、储存、运输、燃放过程中容易发生燃烧、爆炸等事故。由于热力作用、化学刺激或腐蚀造成皮肤、眼的烧伤；有的化学物质还可以从创面吸收甚至引起全身中毒。所以对烟花爆竹烧伤比开水烫伤或火焰烧伤更要引起重视。抢救伤员到安全处后第一任务是对伤员的受伤部位进行初步处理，包括清创、无菌敷盖、止血、初步包扎，这项工作对后续治疗有很大的帮助，企业应成立兼职医疗小组。

四、扑救烟花爆竹爆炸、火灾的注意事项

由于烟花爆竹内部结构含有爆炸性物质，受到摩擦、撞击、振动、高温等外界因素的诱发，极易发生连环爆炸，遇到明火则更危险。发生烟花爆竹火灾时，一般应采取以下基本方法：

（1）迅速判断和查明再次发生爆炸的可能性和危险性，紧紧抓住爆炸后和再次发生爆炸之前的有利时机，采取一切可能的措施，全力制止再次爆炸的发生。

（2）含镁铝合金粉等烟火药及其产品不能用水灭火。宜选用干沙和不用压力喷射的干粉扑救。

（3）如果有疏散可能，人身安全上确有可靠保障，应迅速组织力量及时疏散着火区域周围的爆炸物品，使着火区周围形成一个隔离带。

（4）扑救爆炸物品堆垛时，水流应采用吊射方式，避免强力水流直接冲击堆垛，以免堆垛倒塌再次引起爆炸。

（5）灭火人员应积极采取自我保护措施，尽量利用现场的地形、地物作为掩蔽体或尽量采用卧姿等低姿射水方式；消防车辆不要停靠在离爆炸物品太近的水源。

（6）灭火人员发现有发生再次爆炸的危险时，应立即

向现场指挥报告，现场指挥应迅即作出准确判断，确有发生再次爆炸征兆或危险时，应立即下达撤退命令。灭火人员看到或听到撤退信号后，应迅速撤至安全地带，来不及撤退时，应就地卧倒。

☆事故案例

事故案例一：江门市土出高级烟花厂特大爆炸事故

1. 事故经过

广东江门市土出高级烟花厂占地面积 2 万 m^2，建筑面积 3 700 m^2。该厂建于 1992 年，1993 年年底投产，1999 年烟花产量 8.87 万箱，产品全部出口，创汇额 127 万美元。

2000 年 6 月 30 日上午 8 时 05 分，烟花厂在生产过程中，包装二车间装配工万某（男，24 岁）用气动钉枪对一枚火箭烟花进行装配时，连打两钉都错位，意外引燃所装配的火箭烟花；此时工人丁某（后死亡）正领料路过该处，火箭烟花引燃其手推车上的原料，并引爆了包装二车间内大量待组装的火箭烟花半成品及成品，致使大量火箭烟花四处飞窜，从而引爆了装配车间的成品、半成品；巨大冲击波又引爆了原料库和半成品库内的易燃易爆物品，形成殉爆。爆炸造成 37 人死亡，12 人重伤；直接经济损失 3 000 万元。

2. 事故原因分析

造成事故的直接原因：一是装配工万某在当天作业中，由于操作不当，气钉钉错位置引燃火箭烟花，以致发生燃爆。二是工厂擅自扩建厂房、改变部分厂房的用途，使包装车间、半成品仓库到原料库连成一线，埋下了一旦爆炸殃及全厂的严重隐患。三是厂内原料和成品、半成品存放量过大。四是盲目扩大生产规模，超编制招用大批工人，职工人数从立项时核定的42人增至事故前的229人，致使爆炸事故发生时造成重大人员伤亡。

造成事故的间接原因：厂方安全生产制度不健全，责任不到位。不但擅自扩建厂房、严重超量存放原料、违规扩大生产规模，而且不按安全规范组织生产。厂内的安全生产制度不健全，责任不落实；新工人上岗前不经过安全培训教育，尤其是带药生产工序人员也不经过安全培训考核就安排上岗；工厂没有按规定设立安全管理员。

3. 事故教训与防范措施

（1）对容易发生事故的行业，在厂房布局、生产工艺、包装、运输、管理等方面，都必须严格遵守国家有关规定。企业需要扩建、改建和改变厂房功能增加产量的，必须按国家有关规定报建报批，不得随意改建、扩建、扩大生产规模，不得改变原批准厂房的功能，以防出现新的事故隐患。

（2）必须抓好安全生产责任制和安全生产培训教育工作。企业应建立健全安全生产工作档案，真实记录生产经营过程中的安全生产问题、采取的措施和处理结果，落实安全生产责任制。企业必须按规定配备专职、有资格的安全生产管理人员抓安全生产；对危险性大的岗位，操作人员必须持证上岗；对工人必须坚持先培训后上岗。

事故案例二：黄茅攀达烟花制造公司礼花弹厂爆炸事故

1. 事故经过

2001年12月30日上午8时，江西万载县攀达烟花制造有限公司礼花弹厂职工上班后，零件车间4组装硝工潘某将一盆“银龙”药（5 kg），从烘房内取出并放在3、4组共用的凉亭内冷却。约上午9时，潘某将“银龙”药抬至装硝工棚旁，零件车间的女工辛某开始装硝（即把“银龙”药打入纸筒内，“银龙”药的成分是硝酸钾、金属钛粉、木炭粉和硫磺）。打零件的工棚是一幢3间的房子，左右2间打零件，中间空着，女工辛某和女工潘某在左右2间打零件。潘某从放在装药工棚旁的“银龙”药盆内领了1 kg的“银龙”药，到工棚里打“银龙”，火药是潘某领取后分发给辛某的，每人大约0.5 kg。9时40分左右，在另一车间工作的高某发现车间有火光，意识到出了事就拼命往外跑，口里喊：“着火了，赶快跑。”和潘某同一车间装硝打零件的辛某同时发现潘某的工作间着火了，立即往外跑，然而她没跑出多远，就听到爆炸声。辛某、高某2人在事故中受到轻伤，潘某在事故中死亡。潘某打零件着火后，引燃旁边其他礼花弹零件、硝药、半成品，然后引燃中转仓库，最后引燃成品仓库，造成多次间断爆炸。这起烟花爆炸事故，造成14人死亡，2人失踪，61人受伤，数百亩厂房被夷为平地，直接经济损失800万元。

2. 事故原因分析

经事故调查组调查核实，黄茅攀达烟花制造有限公司礼花弹厂爆炸事故，是一起由于装药工违反安全操作规程造成的责任事故。此外，厂区内违规存药、超量存放成品及半成品，礼花弹厂及成品仓库与居民区相隔太近，公司忽视了现场安全管理，管理人员安全意识淡薄，盲目追求经济效益。特别是在元旦前，由于礼花弹销售看好，利润较高，生产比较繁忙，管理有所放松。

3. 事故教训与防范措施

（1）烟花爆竹企业必须坚决执行“少量、多次、勤运走，轻拿、轻放、轻操作”的原则。攀达公司违规存放硝药和晾晒大量的“落叶”半成品、超量存药、存货，扩大了爆炸范围，增大了爆炸威力。

（2）切实加强对职工的安全教育。由于花炮行业操作人员大多是农民，流动性强，素质低，安全意识淡薄，因此必须加强对他们的安全培训，全面提高其安全意识和安全技术素质。严格执行先培训、后上岗，杜绝职工违章行为，避免同类事故的发生。

（3）狠抓安全隐患的整改。攀达公司礼花弹厂，由于存在安全距离不符合规定的隐患，公安部门已下达整改通知书，要求搬迁，但没有切实抓好落实。因此，对存在重大隐患的企业，要坚决采取强有力的措施，彻底消除事故隐患，对拒不整改的企业，该停的停，坚决不准生产。

讨论题：

1. 烟花爆竹企业的生产特点是什么？
2. 烟花爆竹事故有哪些类别？
3. 烟花爆竹事故发生的原因是什么？
4. 烟花爆竹生产中的职业危害有哪些？
5. 对烟花爆竹生产中的职业危害如何做好个人防护？
6. 烟花爆竹安全生产须知有哪些？
7. 烟花爆竹事故应急处置有哪些？
8. 扑救烟花爆竹爆炸、火灾时需要注意哪些事项？

第七章　机械制造意外伤害与救治

机械制造行业是各种工业的基础，涉及范围广泛，从业人员数量庞大。据不完全统计，我国有 150 万～200 万劳动者从事机械制造产业，其中包括铸造、锻造、热处理、机械加工和装配等工艺，这些工艺操作中存在着各种职业病危害因素，同时也存在着各种机械设备的危害。

第一节　机械设备的危害

一、机械设备存在的危险因素

机械设备在规定的使用条件下执行其功能的过程中，以及在运输、安装、调整、维修、拆卸和处理时，无论处于哪个阶段，处于哪种状态，都存在着危险与有害因素，有可能对操作人员造成伤害。

1. 正常工作状态存在的危险

机械设备在完成预定功能的正常工作状态下，存在着不可避免的但却是执行预定功能所必需具备的运动要素，并可能产生危害后果。如零部件的相对运动、刀具的旋转、机械运转的噪声和振动等，使机械设备在正常工作状态下存在碰撞、切割、作业环境恶化等对操作人员安全不利的危险因素。

2. 非正常工作状态存在的危险

在机械设备运转过程中，由于各种原因引起的意外状态，包括故障状态和维修保养状态。设备的故障不仅可能造成局部或整机的停转，而且还可能对操作人员构成危险，如运转中的砂轮片破损会导致砂轮飞出造成物体打击事故；电气开关故障会产生机械设备不能停机的危险。机械设备的维修保养一般都是在停机状态下进行，由于检修的需要往往迫使检修人员采用一些特殊的做法，如攀高、进入狭小或几乎密闭的空间、将安全装置拆除等，使维护和修理过程容易出现正常操作不存在的危险。

3. 机械设备的主要危害

由危害因素导致的危害主要包括两大类，一类是机械性危害，一类是非机械性危害。

机械性危害包括：挤压、碾压、剪切、切割、碰撞或跌落、缠绕或卷入、戳扎或刺伤、摩擦或磨损、物体打击、高压流体喷射等。

非机械性危害包括：电流、高温、高压、噪声、振动、电磁辐射等产生的危害；因加工、使用各种危险材料和物质（如燃烧爆炸物、毒物、腐蚀品、粉尘及微生物、细菌、病毒等）产生的危害；还包括因忽略安全人机学原理而产生的危害等。

二、机械设备的基本安全要求

1. 机械设备安全的基本原则

机械安全是由组成机械的各部分及整机的安全状态、机械设备操作人员的安全行为以及机械和人的和谐关系来保证的。解决机械安全问题要用安全系统的观点和方法，从人的安全需要出发，保证在机械设备整个寿命周期内，人的身心能够免受外界危害因素的伤害。机械设备安全应考虑其寿命周期的各个阶段，还应考虑机械的各种状态。

（1）机械设备及其零部件，必须有足够的强度、刚度和稳定性，在按规定条件制造、安装、运输、储存和使用时，不得对人员造成危险。

（2）机械设备的设计，必须按照安全人机工程的原则，以便最大限度地减轻操作人员的体力和脑力消耗以及精神紧张状况。

（3）机械设备的设计，应进行安全性评价。当安全技术措施与经济利益发生矛盾时，则应优先考虑安全技术上的要求，并按直接安全技术措施、间接安全技术措施、指示性安全技术措施的等级顺序选择安全技术措施。

（4）在使用过程中，机械设备不得排放超过标准规定的有害物质。

（5）机械设备在整个使用期限内均应符合安全卫生要求。

2. 安全防护措施的基本要求

安全防护是通过采用安全装置、防护装置或其他手段，对一些机械危险进行预防的安全技术措施，其目的是防止机械在运行时产生各种对人员的接触伤害。安全防护的重点是机械设备的传动部分、操作区、高空作业区、移动机械的移动区域以及某些机械设备由于特殊危险形式需要采取的特殊防护等。无论采取何种措施进行防护，都应对所需防护的机械设备进行风险评价以避免带来新的风险。

安全防护常常采用防护装置、安全装置及其他安全措施。防护装置是指通过物体障碍方式将人与危险部位隔离的装置，根据其结构，防护装置可以是壳、罩、屏、门、封闭式防护装置等；安全装置是指用于消除或减少机械伤害风险的单一装置或与防护装置联用的装置。

3. 防护装置的安全技术要求

防护装置在人与危险之间构成了安全保护屏障，在减轻操作者精神压力的同时，也使操作者形成心理依赖。一旦安全防护装置失效，会增加损伤或危害的风险。因此，安全防护装置必须满足与其保护功能相适应的安全技术要求；同时，所采取的安全措施不得影响机械设备的正常运行，而且使用方便，否则就可能出现为了追求达到设备的最大效用而导致避开安全措施的行为。

防护装置按使用方式分为固定式和活动式两种。其安全技术要求如下：

（1）对固定防护装置的要求。固定防护装置应该用永久固定方式（如焊接等）或借助紧固件（螺钉、螺栓、螺母等）固定方式，将其固定在所需的地方，若不用工具就不能使其移动或打开。

（2）对活动防护装置的要求。活动防护装置或防护装置的活动体打开时，尽可能地与防护的机械保持相对固定（可通过铰链或导轨连接），防止挪开的防护装置或活动体丢失或难以复原；活动防护装置打开时或出现丧失安全功能故障时，设备的活动部件应不能运转或运转中的部件应停止运动。

4. 机械设备防护罩的安全要求

国家标准《机械设备防护罩安全要求》（GB 8196—1987）规定如下：

（1）防护罩结构和布局应设置合理，使人体不能直接进入危险区域（即人体进入后，可能引起致伤危险的空间区域）。

（2）防护罩应有足够的强度、刚度，一般应采用金属材料制造。

（3）防护罩应尽量采用封闭结构，当现场需要采用网状结构时，其安全距离（即防护罩外缘与危险区域之间的距离）和网眼的开口宽度应符合本标准规定的要求。

（4）一般情况下，应采用固定式防护罩，经常进行调节和维护的运动部件，应优先采用连锁式防护罩，条件不允许时，可采用开启式或可调式防护罩。

（5）防护罩表面应光滑，无毛刺和尖锐棱角，不应成为新的危险源。

（6）防护罩不应影响视线和正常操作，应便于设备的检查和维修。

（7）当防护罩需要涂漆时，应按照有关标准执行。

5. 机械设备的安全要求

为了有效地预防事故与职业危害，机械设备必须达到标准规定的安全要求，以防止发生人员的伤害。

（1）防止可动零部件伤害

①人员易触及的可动零部件，应尽可能地封闭，以避免在运转时与其接触。

②设备运行时，操作者需要接近的可动零部件，必须配置符合规定要求的安全防护装置。

③为防止运行中的机械设备或零部件超过极限位置，应配置可靠的限位装置。

④若可动零部件（含其载荷）所具有的动能或势能可能引起危险时，必须配置限速、防坠落或防逆转装置。

⑤以人员操作位置所在平面为基准，凡高度在2 m之内的所有传送带、转轴、传动链、联轴节、带轮、齿轮、飞轮、链轮、电锯等危险零部件及危险部位，都必须配置符合规定要求的防护装置。

（2）防止飞出物伤害

①高速旋转的零部件，必须配置具有足够强度、刚度与合适形状、尺寸的防护罩。必要时，应规定此类零部件检查和更换期限。

②机械设备运行过程中（或突然停电时），若存在工具、工件、连接件（含紧固件）或切屑等飞甩危险，应在设计中采取防松脱措施、配置防护罩或防护网等安全防护装置。

（3）防止过冷和过热物体的伤害

人员可触及的机械设备的过冷或过热部件，必须配置固定式防接触屏蔽。在不影响操作和设备功能的情况下，加工灼热件的机械设备，也必须配置固定式防接触屏蔽。

（4）防止高处坠落的伤害

①设计工作位置，必须充分考虑人员脚踏和站立的安全性。

②若操作人员经常变换工作位置，必须在机械设备上配置安全走板。

③若操作人员的工作位置在坠落基准面2 m以上时，必须在机械设备上配置符合标准规定要求的供站立的平台和防坠落的栏杆、安全圈以及防护板等。

④走板、梯子、平台均应具有良好的防滑性能。

⑤机械设备应防止泄漏。对于可能产生泄漏的机械设备，应有适宜的收集或排放装置。必要时，应设有特殊

地板。

（5）防止噪声和振动的伤害

各类机械设备，都必须在产品标准中规定噪声（必要时加振动）的允许指标，并在设计中采取有效的防治措施，使产品实际产生的噪声和振动数值符合标准规定的要求。

（6）防尘、防毒和防放（辐）射的要求

①凡在工艺过程中产生粉尘、有害气体或有害蒸气的机械设备，应尽可能地采用自动加料、自动卸料装置，并必须配置吸入、净化及排放装置，以保证工作场所和排放的有害物质浓度符合有关职业卫生标准规定的要求。

②凡可能产生放（辐）射的机械设备，必须采取有效的屏蔽、吸收措施，并应尽可能地使用远距离操作或自动化作业，以保证工作场所放（辐）射强度符合有关职业卫生标准规定的要求。

③设计上述各类设备时，应符合有关规程、标准的规定要求。

④必要时，上述工作场所应有监测、报警和联锁装置。

6. 机械设备的其他安全要求

（1）标志

①每台机械设备都必须有标牌。注明制造厂、制造日期、产品型号、出厂号、安全使用的主要参数等内容。

②设计机械设备时，应使用安全色。机械设备容易发生危险的部位，必须有安全标志。安全色和安全标志必须符合有关标准规定的要求。

③标牌、安全色、安全标志，应保持颜色鲜明、清晰、持久。

（2）说明

机械设备必须使用说明书等设计文件。说明书内容包括：安装、搬运、储存、使用、维修和安全卫生等有关规定。

三、机械加工设备的事故特点与原因

1. 机械加工设备事故的特点

机械加工设备是各行业机械加工的基础设备，主要有金属切削机床、锻压机械、冲剪压机械、起重机械、铸造机械、木工机械等。

机械伤害是企业职工在工作中最常见的事故类别，伤害类型多以夹挤、碾压、卷入、剪切等为主。各类机械设备的旋转部件和呈切线运动的部件间、对向旋转部件的咬合处、旋转部件和固定部件的咬合处等，都可能成为致人受伤的危险部位。据我国安全生产部门统计，近年来，夹挤、碾压类事故占机械伤害事故的一半左右，注重此类工伤事故的特点和预防，是一项不容忽视的重要工作。

2. 机械伤害事故的原因

造成机械伤害事故的原因，主要有：

（1）违章操作。在我国，大量的机械设备属于传统的机械化、半机械化控制的人机系统，没有在本质安全上做到尽善尽美，因此需要在定位、固定、隔离等控制环节上进行弥补，通过设置醒目的警示标识和严格的安全操作规程加以完善。但不少机械类企业工人有章不循、违章作业的现象仍然非常突出，违章造成的夹挤、碾压类伤害时有发生，成为企业必须下大气力着重解决的安全问题。

（2）体力与脑力疲劳造成辨识错误。长期持久的体力与脑力劳动、单调乏味的工作、嘈杂的工作环境、凌乱的工作布局、不良的精神因素等，都容易使操作者产生疲劳、厌烦的感觉，此时，辨识错误就会出现，带来误操作、误动作，造成伤害事故。

(3) 机械化代替手工作业。机械化代替手工作业是生产力进步的标志。但是，这一时期，操作者由于要熟悉新的工作环境和新的机械操作方法，思想往往比较紧张，心理上承受的工作压力明显大于以前手工熟悉状态下的工作压力，不免操之过急，由于注意力过分集中，容易产生焦虑和烦躁情绪，极易使手、脑配合出现不协调，导致伤害事故的发生。

(4) 安装、调试设备。机械设备往往要经历安装调试期、正常生产期和老化磨损期。相对来说，正常生产期的设备故障率较低，而安装调试期与老化磨损期的设备故障率相对较高。因为这时机械设备的安全装置处于暂时的“失效”状态，甚至“失效安全装置”也不会起作用，由于调试的需要，还不能断电、断气、断水，用于防止接触机器危险部件的固定安全装置已被打开，起不到保护作用，稍有不慎，维修人员就会被“咬”。另外，维修调试时往往是两人以上互相配合，极易出现配合失误，如误合闸、误开机、误动作等，造成伤害事故。

第二节　金属切削机床的意外伤害与安全要求

一、金属切削机床的主要危险因素

1. 金属切削的主要危险

金属切削机床（简称“机床”）是用切削的方法将金属

毛坯加工成具有一定的几何形状、尺寸精度和表面质量的机器零件的机器。在机床上装卡被加工工件和切削刀具，带动工件和刀具进行相对运动；在相对运动中，刀具从工件表面切去多余的金属层，使工件成为符合预定技术要求的机器零件。按加工性质和所用刀具分类，目前，国家标准《金属切削机床型号编号方法》（GB/T 15375—1994）将机床分为 11 大类。

金属切削加工是用刀具从金属材料上切除多余的金属层，其过程实际就是切屑形成的过程。切屑可能对操作人员造成伤害，或对工件造成损坏，如崩碎的切屑可能崩溅伤人；带状切屑会连绵不断地缠绕在工件上，损坏已加工的表面。

金属切削主要的危险因素有：机械传动部件外露时，无可靠有效的防护装置；机床执行部件，如装夹工具、夹具或卡具脱落、松动；机床本体的旋转部件有凸出的销、楔、键；加工超长工件时伸出机床尾端的部分；工、卡、刀具放置不当；机床的电气部件设置不规范或出现故障等。

2. 金属切削加工常见的机械伤害

金属切削加工常见的机械伤害有：

（1）挤压。如压力机的冲头下落时，对手部造成挤压伤害；人手也可能在螺旋输送机、塑料注射成型机中受到挤压伤害。

（2）咬入（咬合）。典型的咬入点是啮合的齿轮、传送带与带轮、链与链轮、两个相反方向转动的轧辊。

（3）碰撞和撞击。典型例子是人受到运动着的刨床部件的碰撞；另一种是飞来物撞击造成的伤害。

（4）剪切。这种事故经常发生在剪板机、切纸机上。

(5) 卡住或缠住。运动部件上的凸出物、皮带接头、车床的转轴、加工件等都能将人的手套、衣袖、头发、辫子甚至工作服口袋中擦拭机械用的棉纱缠住而使人造成严重伤害。

需要注意的是，一种机械可能同时存在几种危险，即可同时造成几种形式的伤害。

3. 操作机械发生事故的原因

一般情况下，操作机械发生事故的原因如下：

(1) 机械设备安全设施缺损，如机械传动部位无防护罩等。造成这种情况的原因，可能是无专人负责保养，也可能是无定期检查、检修、保养制度。

(2) 生产过程中防护不周。如车床加工较长的棒料时，未用托架。

(3) 设备位置布置不当，如设备布置得太挤，造成通道狭窄，原材料乱堆乱放，阻塞通道。

(4) 未正确使用劳动防护用品。

(5) 没有严格执行安全操作规程，或者安全操作规程不全面完整。

(6) 作业人员没有进行安全教育，不懂安全基本知识。

要杜绝这些隐患，光靠安全管理是不行的，还必须掌握一定的安全技术知识。

二、金属切削机械的安全技术要求

进行金属切削的机械设备有很多，如车床、刨床、铣床、镗床等。它们一般都具有操纵机构、传动机构、保险装置、照明装置。这些部位都应有明确的安全技术要求，如不符合安全技术要求应立即整改。

1. 操纵机械的安全技术要求

金属切削机床的操纵盘、开关、手柄等应装在适当的位置，便于操作。变速箱、换向机械应有明显挡位和标志牌；开关、按钮应使用不同的颜色，如停车用红色，开车用绿色，倒车用黑色；须装有性能良好的制动装置。

2. 保险装置的安全技术要求

保险装置是指突然发生险情时，能自动消除危险因素的安全装置。如机床超负荷时，能自动断开机床传动部分的离合器；当人员操作时身体或手进入危险部位时，光电自动保护装置自动切断电源，停止机床运转等。在使用机床时，应先检查这些装置的性能是否良好。

3. 传动装置的安全技术要求

机床传动部位的防护装置，目前在我国定型的新机床的设计与制造中，都已作为机床的一个整体产品出厂。但一些企业在设备安装过程中，尤其是经过设备修理之后，往往将安全防护装置弃之不用。有些企业自制土设备不安装防护装置，造成齿轮、皮带、传动轴等外露伤人。为此，有些单位总结出“有轮必有罩，有轴必有套”的安全生产经验。一定要牢记那些血的教训。严格按照安全操作规程进行操作，严禁使用安全防护装置缺损的机床设备。

4. 照明装置的安全技术要求

照明装置在机床操作中似乎可有可无，其实不然。如果照明不够，操作人员就会弯腰将脸凑近加工件细看，这就容易造成工件、刀具在切削时将操作人员面部划伤的工伤事故。对此，机床上必须安装 36 V 以下的局部照明灯。

5. 金属切屑时的防护

机床在高速切削时所形成的金属屑很锋利，经常伤害操作者的眼睛和裸露部位；带状缠屑有时缠在工件、刀具、手柄等部位，操作人员在清理时往往容易发生工伤事故。要消除这类事故隐患，可根据不同情况采用不同的方法。目前使用较多的有不重磨硬质合金钢刀片机械夹固法。对于飞溅的金属碎屑，除了操作者操作时必须戴好防护镜外，还需要安装防护罩，以防止金属切屑飞溅。

6. 正确使用防护用品

机床运行时，操作人员不准戴手套；女工必须将长发罩入工作帽内；必须戴好防护眼镜；工作服的纽扣要扣上，下摆要紧，袖口要扎牢或戴好袖套。

三、机械加工的职业病危害因素

1. 铸造危害因素

铸造可分为手工造型和机械造型两大类。手工造型是指用手工完成紧砂、起模、修整及合箱等主要操作的过程，其劳动强度大，劳动者直接接触粉尘、化学毒物和物理因素，职业危害大。机械造型生产率高，质量稳定，工人劳动强度低，劳动者接触粉尘、化学毒物和物理因素的机会少，职业危害相对较小。

（1）粉尘危害：造型、铸件落砂与清理时产生大量的砂尘，其中粉尘性质及危害性大小主要决定于型砂的种类，如选用石英砂造型时，因游离二氧化硅含量高，其危害最大。

（2）毒物与物理因素危害：砂型与砂芯的烘干，以及熔炼、浇注产生高温与热辐射；如果采用煤或煤气作燃料还会产生一氧化碳、二氧化硫和氢氧化物等；如果采用高频感应炉或微波炉加热时则存在高频电磁场和微波辐射。

2. 锻压危害因素

锻压是对坯料施加外力，使坯料产生部分或全部的塑性变形，从而获得锻件的加工方法。

（1）物理因素危害：噪声是锻压工序中危害最大的职业病危害因素。锻锤（空气锤和压力锤）可产生强烈噪声和振动，一般为脉冲式噪声，其强度超过 100 dB（A）。冲床、剪床也可产生高强度噪声，但其强度一般比锻锤小。加热炉温度高达 1 200℃，锻件温度也在 500～800℃之间，工作场所中存在高温与较强的热辐射等物理性危害因素。

（2）粉尘与毒物危害：锻造炉、锻锤工序中加料、出炉、锻造过程中可产生金属粉尘、煤尘等，尤以燃料工业窑炉污染较为严重。燃料工业窑炉可产生一氧化碳、二氧化硫、氮氧化物等有害气体。

3. 热处理危害因素

热处理工艺主要是使金属零件在不改变外形的条件下，改变金属的性质（硬度、韧度、弹性、导电性等），达到工艺上所要求的性能。热处理包括正火、淬火、退火、回火和渗碳等基本过程。热处理一般可分普通热处理、表面热处理（包括表面淬火和化学热处理）和特殊热处理等。

（1）有毒气体：金属零件的正火、退火、渗碳、淬火等热处理工序要用品种繁多的辅助材料；如酸、碱、金属盐、硝盐及氰盐等。这些辅料都是具有强烈的腐蚀性和毒性的物质。如氯化钡作加热介质，工艺温度达 1 300℃时，氯化钡大量蒸发，产生氯化钡烟尘污染车间空气；氯化工艺过程中有大量氨气排放于车间空气中；在渗碳、氰化等工艺过程中使用氰化盐（亚铁氰化钾等）毒性很大；盐浴炉中熔融的硝盐与工件的油污作用产生氮氧化物。此外，热处理过程经常使用甲醇、乙醇、丙烷、丙酮及汽油等有机溶剂。

（2）物理因素危害：热处理工序都是在高温下进行的，车间内各种加热炉、盐浴槽和被加热的工件都是热源。这些热源可造成高温与强热辐射的工作环境。各种电机、风机、工业泵和机械运转设备均可产生噪声与振动。但多数热处理车间噪声强度不大，噪声超标现象较少见。

4. 机械加工危害因素

机械加工是利用各种机床对金属零件进行车、刨、钻、磨、铣等冷加工；在机械制造过程中，通常是通过铸、锻、焊、冲压等方法制造成金属零件的毛坯，然后再通过切削加工制成合格零件，最后装配成机器。

（1）一般机械加工在生产过程中存在的职业危害相对较小，主要是金属切削中使用的乳化液和切削液对工人的影响。通常所用的乳化液是由矿物油、萘酸或油酸及碱（苛性钠）等所组成的乳剂。因机床高速运转，乳化液四溅，易污染皮肤，可引起毛囊炎或粉刺等皮肤病。

（2）机械加工的粗磨和精磨过程中，会产生大量金属和矿物性粉尘。人造磨石多以金刚砂（三氧化二铝晶体）为主，其中二氧化硅含量较少，而天然磨石含有大量游离二氧化硅，故可能导致铝尘肺和矽肺。

（3）特种机械加工的职业危害因素与加工工艺有关。如电火花加工存在金属烟尘；激光加工存在高温和紫外线辐射等；电子束加工存在射线和金属烟尘等；离子束加工存在金属烟尘、紫外线辐射和高频电磁辐射，如果使用钨电极，还有电离辐射危害；电解加工、液体喷射加工和超声波加工相对危害较小。此外，设备运转产生噪声与振动。

5. **机械装配危害因素**

简单的机械装配工序职业危害因素很少，复杂的装配生产过程中存在的职业危害因素与特殊装配工艺有关。如各类电焊存在电焊职业病危害；使用胶黏剂以及涂装工艺都存在职业病危害问题。

6. **职业病危害因素的防护措施**

机械制造业职业病危害主要集中在铸造生产过程中的矽尘危害、涂装生产过程中的苯及其同系物等有机溶剂危害，以及电焊作业中的电焊（烟）尘的职业危害，为此，机械制造工业的职业病危害防护应从以下几方面综合考虑。

（1）合理布局。在车间布局上，要考虑减少职业病危害交叉污染问题。如铸造工序中的熔炼炉应放在室外或远离人员集中的公共场所；铆工和电焊、（涂）喷漆工序应分开布置。

（2）防尘。铸造应尽量选用低游离二氧化硅含量的型砂，并减少手工造型和清砂作业。清砂是铸造生产中粉尘浓度最高的岗位，应给予重点防护，如安装大功率的通风除尘系统，实行喷雾湿式作业，以降低工作场所空气中的粉尘浓度。并做好个人防护，佩戴符合国家相关标准的防尘口罩。

（3）防毒及应急。对热处理和金属熔炼过程中有可能产生化学毒物的设备，应采取密闭措施或安装局部通风排毒装置。对产生高浓度一氧化碳、氰化氢、甲醛等剧毒气体的工作场所，如某些特殊的淬火、涂装和使用胶黏剂岗位，应制订急性职业中毒事故应急救援预案，设置警示标志，配备防毒面具或防毒口罩等。

（4）噪声控制。噪声是机械制造行业中重要的职业病危害之一。噪声控制主要包括对铸造、锻造中的气锤、空压机，以及机械加工的打磨、抛光、冲压、剪板、切割等高强度噪声设备的治理。对高强度噪声源可集中布置，并设置隔声屏蔽。空气动力性噪声源应在进气或排气口进行消声处理。对集控室和岗位操作室应采取隔声和吸声处理。进入噪声强度超过 85 dB（A）的工作场所应佩戴防噪声耳塞或耳罩。

（5）振动控制。振动是机械制造工业中较为常见的职业病危害因素。对铆接、锻压机、型砂捣固机、落砂、清砂等振动设备应采取减振措施或实行轮岗操作。

（6）射频防护。应选择合适的屏蔽防护材料，对产生高频、微波等射频辐射的设备进行屏蔽，或者进行距离防护和时间控制。

（7）防暑降温。应做好铸造、锻造、热处理等高温作业人员的防暑降温工作。宜采取工程技术、卫生保健和劳动组织管理等多方面的综合措施，如合理布置热源、供应清凉含盐饮料、轮换作业、对集控室和操作室设置空调等。

第三节　机械制造企业事故的应急处置与救治

一、机械伤害的应急处置与救治

机械制造企业常见事故的类型主要有：机械伤害、起重伤害、车辆伤害、触电伤害、锅炉压力容器爆炸等伤害事故。发生事故后，应做好以下应急处置与救治：

（1）伤害事故发生后，要立即停止现场活动，将伤员放置于平坦的地方，现场有救护经验的人员应立即对伤员的伤势进行检查，然后有针对性地进行紧急救护。

（2）在进行上述现场处理后，应根据伤员的伤情和现场条件迅速转送伤员。转送伤员非常重要，如果搬运不当，可能使伤员的伤情加重，严重时还能造成神经、血管损伤，甚至瘫痪，以后将难以治疗，并给受伤者带来终身的痛苦。所以转送伤员时要十分注意：

如果受伤人伤势不重，可采用背、抱、扶的方法将伤员运走。如果受伤人伤势较重，有大腿或脊柱骨折、大出血或休克等情况时，就不能用以上方法转送伤员，一定要把伤员小心地放在担架或木板上抬送。把伤员放置在担架上转送时动作要平稳。上、下坡或楼梯时，担架要保持平衡，不能一头高，一头低。伤员应头在后，这样便于观察伤员的情况。在事故现场没有担架时，可以用椅子、长凳、衣服、竹子、绳子、被单、门板等制成简易担架使用。对于脊柱骨折的伤员，一定要使用硬木板做的担架抬送。将伤员放在担架上以后，要让他平卧，腰部垫一个衣服垫，然后用东西把伤员固定在木板上，以免在转送的过程中使伤员滚动或跌落，否则极易造成伤员的脊柱移位或扭转，刺激血管和神经，使其下肢瘫痪。

（3）现场应急总指挥立即联系救护中心，要求紧急救护并向上级汇报，保护事故现场。

二、起重伤害的应急处置与救治

1. 起重伤害的主要形式

起重伤害主要有以下几种形式：

（1）吊重、吊具等重物从空中坠落所造成的人身伤亡和设备毁坏的事故。

（2）作业人员被挤压在两个物体之间所造成的挤伤、压伤、击伤等人身伤害事故。

（3）从事起重机检修、维护的作业人员不慎从机体上摔下或被正在运转的起重机机体撞击摔落至地面的坠落事故。

（4）从事起重机械操作人员或检修、维护人员因触电而造成的电击伤亡事故。

（5）起重机机体因失去整体稳定性而发生倾翻事故，造成起重机机体严重损坏以及人员伤亡的机毁事故。

此外，还有误操作事故、起重机等之间的相互碰撞事故、安全装置失效事故以及野蛮操作等事故。

2. 起重伤害发生后的应急处置

起重伤害发生后的应急处置与救治：

（1）发现有人受伤后，必须立即停止起重作业，向周围人员呼救，同时通知现场急救中心，以及拨打“120”等急救电话。报警时，应注意说明受伤者的受伤部位和受伤情况，发生事件的区域或场所，以便让救护人员事先做好急救的准备。

（2）组织进行急、抢救的同时，应立即上报项目安全生产应急领导小组，启动应急预案和现场处置方案，最大限度地减少人员伤害和财产损失。

（3）现场医护人员进行现场包扎、止血等措施，防止受伤人员因流血过多造成死亡事故的发生。创伤出血者迅速进行包扎止血，送往医院救治。

（4）发生断手、断指等严重情况时，医护人员对伤者的伤口要进行包扎、止血、止痛、进行半握拳状的功能固定。对断手、断指应用消毒或清洁敷料包扎，忌将断指浸入酒精等消毒液中，以防止细胞变质。将包好的断手、断指放在无泄漏的塑料袋内，扎紧好袋口，在袋周围放上冰块，或用冰棍代替，将伤者送往医院进行抢救。

(5) 受伤人员出现肢体骨折时，应尽量保持受伤的体位，由现场医务人员对其伤肢进行固定，并在其指导下采用正确的方式进行抬运，防止因救助方法不当导致伤情进一步加重。

(6) 受伤人员出现呼吸、心跳停止症状后，必须立即进行心脏按摩或人工呼吸。

(7) 事件有可能进一步扩大，或造成群体性事件时，必须立即上报当地政府有关部门，并请求必要的支持和救援。

在做好事故紧急救助的同时，应注意保护事故现场，对相关信息和证据进行收集和整理，配合上级和当地政府部门做好事故调查工作。

三、触电伤害的应急处置与救治

电击伤俗称触电，是由于电流或电能（静电）通过人体，造成机体损伤或功能障碍，甚至死亡。大多数是由于人体直接接触电源所致，也有被数千伏以上的高压放电所致。

在机械制造企业中，触电伤害事故多发生在潮湿场所、高温场所、导电粉尘场所等导电危险性较大的场所。触电伤害事故多发生在配电设备、架空线路、电缆、闸刀开关、配电盘、熔断器、照明设备、手持照明灯、手持式电动工具和移动式电气设备等设备和设施上。另外，施工现场临时用电，由于临时拉线不符合规定，不装漏电保护器，私接电气设备，一闸控制两机等现象都易引起触电伤害事故。

1. 对低压触电者脱离电源的方法

对于低压触电事故，应迅速使触电者脱离电源，以下方法可以脱离电源：

（1）立即拉掉开关或拔出插销，切断电源。

（2）如果找不到电源开关，可用有绝缘把的钳子或用带木柄的斧子断开电源线；或用木板等绝缘物插入触电者身下，以隔断流经人体的电流。

（3）当电线搭在触电者身上或被压在身下时，可用干燥的衣服、手套、绳索、木板等绝缘物作为工具，拉开触电者或挑开电线。

（4）如果触电者的衣服是干燥的，又没有紧缠在身上，可以用一只手抓住他的衣服脱离电源，但不得接触带电者的皮肤和鞋。

2. 对高压触电者脱离电源的方法

对于高压触电者，可采用下列方法使其脱离电源：

（1）立即通知有关部门停电。

（2）戴上绝缘手套，穿上绝缘鞋并用相应电压等级的绝缘工具断开开关。

（3）抛掷裸金属线使线路接地，迫使保护装置动作，断开电源。注意抛掷金属线时先将金属线的一端可靠接地，然后抛掷另一端，注意抛掷的一端不可触及触电者和其他人。

在抢救过程中，要遵循下列注意事项：①救护人必须使用适当的绝缘工具。②救护人要用一只手操作，以防自己触电。③当触电者在高处的情况下，应防止触电者脱离电源后可能的摔伤。

3. 触电后伤员的症状

触电后伤员一般会有以下症状：接触1 000 V以上的高压电时多出现呼吸停止，220 V以下的低压电易引起心肌纤颤及心脏停搏，220～1 000 V的电压可致心脏和呼吸中枢同时麻痹。

轻者症状表现为心慌，头晕，面色苍白，恶心，神志清楚，呼吸、心跳有规律，四肢无力，如脱离电源，安静休息，注意观察，不需特殊处理。重者出现呼吸急促，心跳加快，血压下降，昏迷，心室颤动，呼吸中枢麻痹以致呼吸停止。

触电局部可有深度烧伤，呈焦黄色，与周围正常组织分界清楚，有两处以上的创口，一个入口、一个或几个出口，重者创面深及皮下组织、肌腱、肌肉、神经，甚至深达骨骼，呈炭化状态。

4. 触电急救措施

（1）未切断电源之前，抢救者切忌用自己的手直接去拉触电者，这样自己也会立即触电受伤，因为人体是良导体，极易导电。急救者最好穿上胶鞋，踏在木板上保护自身。

（2）确认心跳停止时，在用人工呼吸和胸外心脏挤压后，才可使用强心剂。心跳、呼吸停止还可在心内或静脉注射肾上腺素、异丙肾上腺素。血压仍低时，可注射间羟胺（阿拉明）、多巴胺，呼吸不规则注射尼可刹米、洛贝林（山梗菜碱）。

（3）触电灼伤后应合理包扎。

5. 救治过程的注意事项

（1）救护人员应在确认触电者已与电源隔离，且救护人员本身所涉及环境安全距离内无危险电源时，方能接触伤员并进行抢救。

（2）在抢救过程中，不要为图方便而随意移动伤员，如确需移动，应使伤员平躺在担架上并在其背部垫以平硬阔木板，不可让伤员身体蜷曲着进行搬运。移动过程中应继续抢救。

（3）任何药物都不能代替人工呼吸和胸外心脏按压，对触电者用药或注射针剂，应由有经验的医生诊断确定，慎重使用。

（4）抢救过程中，做人工呼吸要有耐心，不能轻易放弃。

（5）如需将伤员送医院抢救，在途中也不能中断急救措施。

（6）在医务人员未接替抢救前，现场救护人员不得放弃现场抢救，只有医生有权作出伤员死亡的诊断。

四、车祸现场的急救措施

车祸发生时，除了确保伤员的安全外，还要及时拨打“120”急救电话报告交通部门，以防引发其他车祸。车祸时无论伤者受伤程度如何，均需送往医院就诊。

（1）向旁人请求支援。伤员无法自行处理时，一定要向旁人求救，及时联络救护车。另外无论多大的车祸都需要报警。确保伤员安全，原则上尽量不要移动伤员。若出事地点太危险，则要找人帮忙，小心地将伤员搬移至安全场所。

（2）进行自检、自救与互救。一般来说，头部、胸部受伤或多处受伤者、出血多者及昏迷者，均列为重伤。对垂危病人及心跳停止者，需立即进行心脏按压及口对口的人工呼吸。对意识丧失者用手帕、手指清除伤员口鼻中的泥土、杂物、呕吐物及分泌物，紧急时可用口吸出，以挽救病人的生命。随后将伤员放置在侧卧位或俯卧位，以防窒息。对出血多者立即进行加压止血包扎，紧急时可用干净手帕、衬衣等将伤口紧紧压住、包扎。动脉出血不止时，如在四肢，可在伤口上方 10 cm 处扎止血带。如发现开放性气胸，对吮吸性伤口应进行严密的封闭包扎。伴有呼吸困难的张力性气胸，有条件时可在第二肋骨与锁骨中线的交叉点行穿刺排气或放置引流管。对呼吸困难、缺氧并伴有胸廓损伤，胸壁浮动（呼吸反常运动者）应立即用衣物、棉垫等充填，并适当加压包扎，以限制其浮动。对骨折脱臼者要就地取材，用木棍、木板、竹片、布条等固定骨折肢体。

（3）车祸时可能引起各种程度不一的伤害，最重要的是要沉着应对。首先要检查伤员的意识及呼吸、脉搏的有无。千万不要扭曲伤员的身体，因为车祸时常伤及伤员的颈部骨头及神经，扭曲伤员身体更是致命的动作。除了检查意识、呼吸、脉搏外，更重要的是检查伤员有没有大出血。血液自伤口大量喷出的动脉性出血或大量流出的静脉性出血，都可能造成生命危险，此时需尽快进行止血。要用干净的手帕压住伤口，利用直接压迫法来防止大出血。大出血时很容易引起休克，所以必须施行休克救护。若意识清醒、未有大出血的轻伤，只要在救护车抵达前，依伤势来进行救护即可。

（4）车祸时，无论伤员的伤势多么轻微，即使看来毫发无伤，也一定要接受医师的诊治。若未接受医师仔细的诊治，可能引起令人意想不到的后遗症。

☆事故案例

事故案例一：清扫铁屑戴手套导致钻头绞掉手指事故

1. 事故经过

2000 年 3 月 11 日 18 时，河南某机械加工厂在生产过程中，该厂机修站划线钳工吕某（男，51 岁），在操作台钻加工工件的过程中，在未停机的情况下，戴手套清扫工件铁屑，被旋转钻头上所带的铁屑刮住右手环指，将右手环指缠绕在钻头上，造成右手环指两节离断事故。

2. 事故原因分析

造成事故的直接原因：钳工吕某严重违反操作规程，在未停机的状况下戴手套清扫工件上的铁屑。

造成事故的间接原因：机修站安全管理不严，对安全操作规程和岗位安全教育落实不够。

3. 事故教训与防范措施

（1）应从此次事故中认真吸取血的教训，按照“四不放过”的原则，举一反三，教育全体职工，结合安全操作规程学习活动，进一步强化安全操作规程的学习与落实，彻底杜绝违章事故的再次发生。

（2）应进一步加强安全教育、生产组织与协调，避免车间安排一人单独生产，需要加班的必须按规定审批，以保证一旦在发生事故的情况下能够及时得到救护。

（3）要按照“分级管理，分线负责”的原则，充分发挥各职能部门的作用，加强作业现场的监督检查，对查出的违章作业，尤其是习惯性违章和不严格执行安全制度的现象绝不能姑息迁就，必须从严考核，绝不手软。

事故案例二：操作车床违章未戴工作帽导致的伤害事故

1. 事故经过

1995 年 6 月 8 日是星期日，应该是休息的日子，但是某机械厂由于实行了新的计件工资制，许多工人自发组织加班，以求增加收入。机加工车间女车工尹某，在车间领导安排她加班而她本人没有时间的情况下，擅自要求在本厂当铸造工的丈夫替代她操作车床。

这天上午 11 时许，尹某从市场买菜回来，因考虑到丈夫车工技术不熟练怕出废品，匆忙去车间探望。来到车间后不久，尹某发现车床刀架紧固螺钉松动，她在未停机的情况下，违章伸手去帮忙拧螺钉。由于尹某未按安全操作规程要求戴工作帽，致使自己的长发被卷入车床丝杆上，待其丈夫发现时又不知道如何关掉车床电源开关，而是抱住尹某身体向后拉，结果头发越绞越紧。当另一位工人发现并关掉车间总闸时，尹某满头秀发连同头皮已经被全部撕掉，左耳也被撕去一节，造成一起惨不忍睹的重伤事故。

2. 事故原因分析

造成事故的直接原因：首先是尹某违反有关规定，擅自让其丈夫代替自己操作车床；其次是在未停机的情况下紧固螺钉，这也是安全操作规程严格禁止的；再次是尹某操作车床不戴工作帽，导致长发被车床丝杆缠绕，造成严重的伤害事故。

造成事故的间接原因：该厂安全管理工作太差，一连串的违章现象无人纠正、无人制止，在当天工人加班的情况下，工厂、车间领导无人到场，属于严重失职。

3. 事故教训与防范措施

（1）切实落实安全生产责任制，加强安全管理，对违反安全操作规程的行为及时制止，并给予必要的处罚，同时加强对职工的安全教育，提高职工的安全意识。

（2）要求车工必须按规定穿好紧身合适的防护衣服，把袖口扣紧或者把衣袖卷起，把上衣扎在裤子里，腰带端头不应悬摆。不要穿过于肥大、领口敞开的衬衫或外套。留有长发时要戴防护帽或头巾，头巾或领带的端头要仔细塞好。

（3）车床操作工在开动机床前，要详细检查机床上危险部件的防护装置是否安全可靠，润滑机床，并作空载试验。

讨论题：

1. 机械设备的主要危害有哪些？
2. 如何防止可动零部件的伤害？
3. 如何防止飞出物的伤害？
4. 如何防止高处坠落的伤害？
5. 机械伤害事故的原因有哪些？
6. 金属切削的主要危险因素有哪些？
7. 机械伤害的应急处置与救治有哪些？
8. 起重伤害发生后如何进行应急处置与救治？
9. 触电伤害事故发生后如何进行应急处置与救治？
10. 发生车祸后如何进行急救？

第八章 火灾危险与急救知识

火灾是指失去控制并对财物和人身造成损害的燃烧现象。水火无情，一把火可以使人们辛勤劳动创造的财富，瞬间化为灰烬，造成倾家荡产；一把火可以吞噬整座建筑，烧光各种设备和设施，从此失去经营的基础；一把火可以将活生生的生命吞噬，让青春的梦想荡然无存，让亲人们痛苦悲伤。因此，必须认真对待火灾，严加防范。此外，火灾事故发生后，往往由于人们缺乏相应的逃生知识与急救知识，造成不应有的伤亡，所以应该了解和掌握发生火灾时的安全疏散和逃生知识，提高自救能力。

第一节 火灾的分类、特点和一般规律

一、火灾的分类

火灾根据不同的需要，可以有不同的分类方式，如按火灾损害程度进行分类、按着火物质进行分类等。

1. 按火灾损害程度分类

按照一次火灾事故所造成的人员伤亡、受灾户数和财物损失金额划分，这种分类是表明火灾的严重程度和规模大小的标准，也是国家火灾统计的标准。

特大火灾。具有下列情形之一者为特大火灾：死亡 10

人以上（含10人，下同）；重伤20人以上；死亡、重伤20人以上；受灾户50户以上；烧毁财物损失100万元以上。

重大火灾。具有下列情形之一者为重大火灾：死亡3人以上；重伤10人以上；死亡、重伤10人以上；受灾户30户以上；烧毁财物损失30万元以上。

一般火灾。不具有前两项情形的火灾事故。

2. 按着火物质分类

根据物质及其燃烧特性划分，这种分类表明燃烧物质的种类属性和扑救火灾时选择灭火剂的需要。

A类火灾。A类火灾是指固体物质火灾，如木材、棉、毛、麻、纸张、塑料制品、化学纤维等火灾。

B类火灾。B类火灾是指液体和可熔化固体物质的火灾，如汽油、柴油、酒精、植物油、变压器油、各种溶剂、沥青、石蜡等火灾。

C类火灾。C类火灾是指气体火灾，如煤气、天然气、氢气、沼气、氨气、一氧化碳等火灾。

D类火灾。D类火灾是指金属火灾，如钾、钠、铝、镁、铝合金等火灾。

二、火灾的成因及其特点

导致火灾发生的原因有很多，大致可以将发生火灾的原因分为电气火灾、生活用火火灾、违章操作火灾、吸烟火灾、玩火火灾、放火火灾、自燃火灾、雷击火灾、其他火灾等类别。

1. 电气火灾

电气火灾是指违反电气安装和使用规定以及因伪劣电气产品引起的火灾。这类火灾发生率较高，约占火灾总起数的25%。从20世纪80年代末期起，在我国电气火灾所占的比例升至各种火灾中的第一位，而且其火灾损失也占有很大的比率。从发展的角度看，随着我国电力工业的发展，城乡生产、生活用电量的增加，电气火灾仍将保持相当大的比率。造成电气火灾的主要原因，是在电气使用中存在较多问题，如乱拉乱接电线，不按使用要求随意加大负荷，电线绝缘老化，不按时更换电线，长时间超负荷用电温度失控等。因此，加强安全用电教育和加强电气安全管理，经常进行电气设备设施的安全检查，对所有企事业单位都是十分必要的。

2. 生活用火火灾

生活用火火灾是指生活或涉及生活的用火，包括炉灶（炉具）设置、使用不当，余火复燃，明火照明、生火取暖、熏蚊不当，敬神祭祖焚纸烧香等所导致的火灾。这类火灾约占火灾总起数的20%。生活用火火灾的特点，是点多面广、发生频繁，一旦疏于管理、失去警惕，则易发生火灾。近几年随着人们居住条件的改善，炊事燃料的变化和用火设备的改进，以及防火宣传教育的加强和普及，生活用火引起火灾的起数开始呈现明显的下降趋势。

3. 违章操作火灾

违章操作火灾是指在生产、储存、运输等过程中违反安全规定和操作规程造成的火灾，如违章指挥，冒险作业，违章动火，焊接切割中违反操作规程等。这类火灾约占火灾总起数的12%。目前在中小企业的火灾中，这种原因造成的火灾损失往往最大。出现这种情况的原因，大多是由于企业领导单纯追求经济效益而忽视消防安全，职工思想麻痹，劳动纪律松弛，缺乏安全规程，安全制度执行不严而造成的。此外，新工人多，未经培训上岗，缺乏专业的生产技术知识和安全技术知识，发生事故后不知如何处理，也是重要的成灾因素。因此，中小企业应该加强防火防爆的安全管理。

4. 吸烟火灾

吸烟火灾是指由于吸烟入睡、醉酒吸烟、随地乱扔烟头、火柴梗以及在有爆炸危险场所违章吸烟等而引起的火灾，这类火灾约占火灾总数的10%。吸烟引起的火灾一直是造成火灾的重要原因，尤其是我国吸烟人数多，因吸烟引起的火灾一直居高不下。在吸烟人员中，年轻人吸烟时往往不分场合，忽视防火要求，随地乱扔烟蒂和火柴梗，往往容易造成火灾。因此加强对吸烟人员的安全教育，是今后消防宣传教育中的一项重要内容。

5. 玩火火灾

玩火火灾是指由于乱放鞭炮、玩火取乐、小孩玩火等原因引起的火灾，这类火灾约占火灾总数的8.75%。近几年，由于社会、学校普遍开展“119”宣传日活动，消防教育进入学校以及社会各种媒体的广泛宣传教育，已取得了一定成效，这类火灾开始呈现下降趋势，说明加强宣传教育对儿童和青少年是有一定成效的。但是，从统计分析的数据来看，玩火成灾的情况仍然占有一定的比例，不能放松警惕，还应该继续加强防范。

6. 放火火灾

放火火灾是指刑事放火、报私仇放火、精神病人放火和自焚等。造成这类火灾的主要原因，多是由于经济、民事纠纷引起的。由于放火是一种犯罪行为，对社会秩序影响不好，社会和单位应从不同角度加强防范工作，以最大限度地减少放火犯罪活动。

7. **自燃火灾**

自燃火灾包括易燃易爆等危险化学物品自燃，以及煤、稻草麦秸、涂油物、鱼粉等自燃引起的火灾。这类火灾所占的比例约为1.7%。从统计分析的数据来看，自燃火灾多集中在第二、三季度，因此只要有针对性地对存放有自燃物质的单位或部门加强防范，就可减少此类火灾的发生。

三、火灾的一般规律

火灾与一些自然因素有关，如地域、气候、气象等因素，同时还与社会因素有关，许多火灾事故的发生更多地是由于社会因素的原因所造成，如电气火灾、违章操作火灾、吸烟火灾、玩火火灾等。所以说，火灾是一种自然现象，同时也是一种社会现象。

1. **社会环境因素对火灾的影响**

在不同的社会发展时期，社会环境因素的变化对火灾的影响很大，包括政治、经济、文化、风俗习惯等因素的影响。

（1）工业的发展，设备随之增多；人民生活水平的提高，家用电器随之增多。随着经济的发展，引发火灾的因素增多，从而促使火灾的增多。

（2）自动化水平的提高，提高了监控质量；阻燃新材料和新技术的使用，使灭火设备更先进，灭火能力的增强，使起火成灾率减少。

（3）法制健全、社会安定、消防管理严密有效，火灾则少。反之社会混乱、管理失控、火灾将增多，损失将增大。

(4) 教育的普及，文化素质的提高，人们遵守法律法规的自觉性将提高；防火灭火科技知识的丰富，人们自身抗御火灾的警惕性和技能将提高，起火成灾率将减少。

(5) 风俗习惯对火灾形成有很大的影响。传统风俗习惯中，如燃放烟花爆竹，上坟烧纸，供神焚香，酗酒吸烟，乱扔烟头等，容易引起火灾。

2. 火灾的季节变化规律

我国地域广阔，各地的经济发展、风土人情有所差异，但就火灾随季节的变化而言，存在基本共同的规律：冬季（12～2 月）火灾起数最多，春季（3～5 月）次之，秋季（9～11 月）又次之，夏季（6～8 月）火灾起数最少。

冬季气温低，生产、生活取暖用火、用电增多，夜晚照明时间加长，这是火灾多发的原因之一。春节期间的正常秩序被打乱，以及燃放烟花爆竹，是火灾多发的原因之二。20 世纪 90 年代，全国春节期间火灾年平均起数约占冬季总数的 1/4，仅烟花爆竹引起火灾的年平均起数占冬季总数近 15%。

春季风大，加上气温回升快，土壤中的水分蒸发量大，水汽散失极快，形成风干物燥的气候。在这个季节人们还有春游踏青、清明祭扫的习惯，野外火源开始增多。据统计，春季是发生森林火灾最多的时期，东北地区四五月间，是森林火灾发生最频繁的季节；在南方，西南和西北的南部地区，二三月份为森林火险最严重的季节。

秋季气温、湿度与春季相近，风力比春、冬季小。中秋之后，北方庄稼开始成熟，禾秆渐趋枯萎，收获、打场用火、用电量增加，柴草堆垛林立。特别是进入晚秋季节以后，寒潮频袭，气温下降，风力上升，时有火灾发生。

夏季气温高，雨水多，日照时间长，用火量和用火时间减少，物质燃烧难度增加，因此火灾起数夏季最少。然而需要注意的是，夏季自燃火灾占全年之首，同时雷电火灾也明显高于其他季节。更为重要的是夏季气温高，闪点低的易燃物品的燃烧及危险物品的爆炸可能性增加，一旦发生火灾，损失往往惨重。

3. **火灾昼夜变化的规律**

火灾在一日 24 小时内的发生规律是：10 时至 22 时为起火高峰期；22 时至次日上午 8 时为起火低峰期，其中凌晨 4 时至 8 时起火风险最小；20 时至早晨 6 时火灾成灾率较高，损失较大。而且白天起火风险大，尤以下午为最大；夜间起火风险小，尤以后半夜为最小。成灾率是白天低夜间高。这个规律的形成，与人们的生活和生产经营活动的规律密切相关。白天是人们从事生产和经营活动最集中、最频繁的时间，也是用火用电和使用易燃易爆物品最多的时间，如果疏于防范，容易发生火灾。特别是下午，人们的精力、体力处于疲劳、困倦状态，容易放松警惕，更容易发生火灾。但由于人们都在岗位上，即使失火也能早发现、快报警，由于扑救及时，故成灾率较低。而在夜间，虽然停止或减少了生产经营活动，用火用电量减少，失火机会少，但一旦起火，不易被人们及时发现，或者发现较晚，得不到及时扑救，往往小火酿成大火，故成灾率高、火灾损失大。

从近些年来发生的火灾原因看，由于生产生活用火不慎，违反安全操作规程，电气故障，吸烟、玩火等原因引起的火灾起数，占总数的 80％左右，说明火灾的发生同人们的警惕性、执行法规的程度、消防知识掌握的多少、消防安全管理水平有直接的密切联系。

第二节　安全疏散与逃生知识

一、火灾时烟气的危害

在各种火灾事故中，死亡人员中有相当一部分人不是直接被火烧死的，而是由于烟气的毒害造成的。据美国学者对在建筑火灾中死亡的 1 464 人的死因进行的分析表明，其中 1 026 人死于窒息和中毒，占总数的 70%。现在由于建筑物内大量使用易燃、可燃材料，特别是用塑料材料进行装饰装修，火灾时有大量有毒气体、蒸气的产生，因而严重威胁着被困人员的生命安全。

火灾时烟气的危害主要表现在三个方面：

1. 烟气的毒害性可致人伤亡

当空气中二氧化碳的浓度增大时，氧含量低于正常呼吸值时，人会感到缺氧，因而活动能力减弱，甚至晕倒、窒息；当烟气中各种毒性气体的含量超过人体正常生理所允许的最高浓度时，就会发生中毒死亡事故。

2. 烟气的减光性阻碍人员的疏散和灭火行动

烟气弥漫时，可见光受到烟气的遮蔽，能见度大大降低。且烟气又强烈地刺激人的眼睛，使人睁不开眼，不易辨别方向，不易查找起火点，严重影响人们的行动。

3. 烟气的恐怖性造成人员的心理恐慌

建筑物发生火灾时，烟气的流动速度比人在火场中的行动速度要快。人首先受到烟气的威胁，由于毒害性和减光性的影响，往往使人心理产生极大恐惧感，甚至失去理智，惊慌失措，混乱无绪，采取不应该采取的措施，以致发生伤亡事故。

4. 烟气携带热量

高温烟气载有热量，且温度很高，在燃气扩散弥漫的区域，可将其热量传递给周围可燃建筑构件和可燃物，室内空间温度上升很快，待达到 500℃时，会发生轰燃现象，即室内的可燃物大部分可瞬间着起火来，使火势急剧扩大，人在这种场合会被严重烧伤。

二、防止烟气危害的措施

防止烟气危害的措施有以下几项：

1. 设法排烟，降低烟雾浓度

为了安全疏散和灭火施救活动，可采取的防排烟措施有：

（1）自然换气排烟法。将着火的房间、楼层或其上层的窗户打开，借助烟的升力和风力排烟。

（2）机械排烟法。用排烟机排烟，灵活性较大。如用吸气法，吸烟口应设在建筑物顶部，若用鼓风法，送风口应设在地面。

（3）喷雾水驱烟法。从空气流入侧用水枪喷水雾，向下风侧驱赶烟雾，同时还可以净化空气。

2. 毛巾防烟法

用折叠的毛巾捂住口鼻能起到良好的防烟作用。如果将干毛巾折叠成 8 层，烟雾消除率可达 60%，实验证明，人在这种情况下于充满刺激性烟雾的 15 m 长走廊里慢速行走，没有刺激性感觉。如果用湿毛巾保护口鼻，则防烟效果更好，因为水能将一些有害气体溶解掉。捂住口鼻时，要使过滤烟的面尽量增大。穿过烟雾区时，即使感到呼吸阻力增大，也绝不能将毛巾从口鼻处拿开，以防烟气中毒。

三、烟气的流动方向和特点

当建筑物内的某一个房间（舞厅、餐厅、客房、KTV包间等）发生火灾时，将会出现一股热的烟气流。这股气流在周围冷空气的阻挡下，可能形成一个热烟气包，在浮力的作用下向上飘升，在密闭型的房间内，该气包与房间顶棚相碰，形成一个超压区，与相随的烟雾弥漫整个着火房间。反之，如果该房间顶部有排气洞口或者有门窗，热气包和相随的烟雾便会由洞口排出着火房间，向外扩散。

1. 烟气水平方向的流动特点

起火房间的烟气，如遇有打开的门、窗，则会由窗口的上部排向室外或者由门洞及其他洞口流向走道，又经过走道向其他房间、楼梯间、电梯间等处流动扩散。从起火房间流向走道的烟气，在天棚之下呈层流状态流动。在其流动过程中，如遇室外冷空气流入或室内进行排烟时，烟层下面的新鲜空气则流向起火房间，它与烟的流动方向正好相反，烟层的厚度大约在走道高度的一半以上。可是在发生轰燃现象时，由于猛烈喷出大量的烟，故也会出现烟层瞬时下降的现象，有时几乎会降到地面。其后待火势进入发展阶段后，烟层的厚度又基本恢复到原来状况。因此，人员在逃生和疏散时，以采用低姿方式行进可少受烟气的危害。

烟气的水平流动速度在火灾初期，因空气热对流形成的烟气的影响，其扩散速度为 0.1 m/s。到了火灾发展阶段，特别是猛烈阶段时，由于高温下热对流的作用，烟气扩散速度可达到 0.3～0.8 m/s。在发生轰燃的瞬间，烟喷出的速度可达 10 m/s，烟气很快就会扩散到楼梯间等部位。此时不要被楼梯间内少量烟雾封锁所迷惑，应在自我保护下勇敢地冲出雾区，继续向下层撤离。

2. 烟气垂直方向的流动特点

走道中的烟气除向其他房间蔓延外，还要通过楼梯间、电梯间、竖井、通风管道等部位迅速向上层流动。烟气的垂直上升速度达到 3～5 m/s。可以看出，烟气不但垂直蔓延的速度快，而且很快就会对最上几层构成威胁。如果逃生人员认为上层离火层远而存在侥幸心理，则可能在短时间内就遭到危害。

对于天井式旅馆、饭店、商场，这种天井式结构和其他竖向井道一样，相当于一个烟囱。在平常状态下，天井因风力或温度差形成负压而产生抽力。当天井侧的某一房间着火后，因抽力的增大，大量热烟将进入天井并向上扩散。天井内的温度也随之升高，冷空气则由其他开启的窗洞口流入天井，形成循环气流。天井的高度越高，抽力也越大。在实验中测得：火灾初期，烟气在天井中的上升速度为 1～2 m/s；火灾发展期，热烟的上升速度增至 3～4 m/s；当出现轰燃进入最猛烈期时，此速度可高达 9 m/s 左右，但持续时间相当短。

由此可知，烟气总是由压力高处向压力低处流动。当未起火部位处于负压时，烟气就可能侵入其中；处于正压的房间由于冷空气向外流动，则可有效地阻挡烟气侵袭。

值得重视的是，由于空调通风管道四通八达，密布于办公楼、旅馆、饭店、大厅各处，烟气一旦窜入空调系统便会迅速扩散到各房间。在国内外旅馆、商厦等建筑火灾中，常有人员在远离火点的房间内因吸入有毒烟气致死的实例。

在自我逃生和安全疏散中，必须做好个人防烟保护，尽量避开烟雾弥漫区域，充分利用各种防烟、排烟设施，防止出现熏倒、烟气中毒等事故。

四、火灾时人们的心理特性

1. 惊慌失措

处在火灾现场的人们，尤其是没有经过特殊训练的人们，很容易产生不可抑制的恐惧心理。这就是常说的惊慌。惊慌之余，想到火灾危害，便会产生极其不安的惊慌失措的心态，想逃，怕选不准安全通道；想避，又不知道哪里是安全之地。尤其是那些平日心理调节能力差、对于发生火灾时疏散知识一无所知的人，更是如此。

2. 惶恐惧怕

人们面对浓烟烈火，常常是晕头转向，呼吸急促，反应迟钝；面对人群的纷乱骚动，深切感到生命将受到严重威胁，因而产生不能面对伤亡的强烈惧怕感。强烈的惊恐惧怕心态会严重干扰人的正常思维，减弱理性判断能力，失去与烟火拼搏的精神和力气，束手无策或丧失抗争能力。

3. 判断失误

惊慌惧怕的心态，还会导致人的非理智思维。非理智思维能加深判断的失误，出现非理智的错误行动。另外，人在处于高热环境中，先是口干舌燥，软弱无力，痛苦难熬，思维活动受到强烈干扰，进而出现眩晕心乱，直至昏迷休克猝然倒下。此外，当人处于缺氧和有毒有害气体大量存在的火场环境中时，因吸入毒气，可使人发生嗅觉刺激、呼吸困难、视线模糊，损伤内脏和脑神经系统等生理障碍，进而导致思维不清、行为错乱和心乱目眩，直至昏迷或中毒、窒息而亡。

4. 发生冲动

发生火灾时，人们的惊慌，火、烟、热、毒等因素的作用所产生的惧怕与茫然，最容易使人作出不理智的或盲目的冲动行为。如跳楼、乱跑乱窜、大喊大叫、丧失信心、不听劝阻等。火场心理研究证明，乱跑乱窜、大喊大叫不但会使自己陷入危险境地，还会扰乱他人的平静思维，加剧其他人员的茫然心理，导致更多人的效仿，从而使火场中的人们更加混乱而难于疏导和控制。

5. 侥幸心理

侥幸心理是人们经常出现的一种心态。面临灾祸之际，还漫不经心，轻信事情不会那么严重，不能冷静沉着地采取措施，侥幸心理是妨碍人们进行正确判断的大敌。火场中人们必须首先排除这种心态，勿让其干扰理智的思维和正确的判断。例如，1994 年 12 月 8 日新疆克拉玛依友谊馆里，中、小学进行汇报演出，18 时 20 分，舞台幕布被距离太近的光柱灯烤着，当时一个老师问他们的校长要不要叫学生们撤离现场，校长说，会扑灭火的，等一等吧。工作人员跑过去抓住幕布往下扯，但未扯掉幕布，火势蔓延开来，但疏散行动仍未开始。幕布被拉上，意欲灭火后开幕再演。学生们发生一阵骚动，维持秩序的人高声喊道："请大家保持安静，坐着别动!"不久，全场断电，整幅燃烧着的幕布坠落。这段时间大约持续 10 余分钟，由于没有及时疏散，耽误了最宝贵的逃生时机，加上后来秩序混乱的现象，造成群死群伤的恶性事故。

火灾中，人们容易形成的上述特殊心态，都会成为严重干扰安全疏散和逃生的重要心理因素，防患于未然，做到临危不惧，临难不乱，增强自制能力。

第三节　组织安全疏散的方法

一、报告火警电话与安全疏散的注意事项

1. 报告火警

发生火灾时不要惊慌失措，要保持镇静，火警电话号码“119”要记清。

（1）火警电话打通后，应讲清楚着火单位，所在区县、街道、门牌或乡村的详细地址。

（2）要讲清楚什么东西着火，起火部位，燃烧物质和燃烧情况，以及火势发展的情况。

（3）报警人要讲清楚自己的姓名、工作单位和电话号码。

（4）报警后要派专人在街道路口等候消防车的到来，指引消防车去火场的道路，以便迅速、准确地到达起火地点。

2. 安全疏散的注意事项

（1）保持安全疏散秩序。在疏散过程中，始终应把疏散秩序和安全作为重点，尤其要防止发生拥挤、踩踏、摔伤等事故。遇到只顾自己逃生，不顾别人死活的不道德行为和相互践踏、前拥后挤的现象，要想方设法坚决制止。如看见前面的人倒下去，应立即扶起；发现拥挤应给予疏导或选择其他的辅助疏散方法给予分流，减轻单一疏散通

道的压力。实在无法分流时，应采取强硬手段坚决制止。同时要告诫和阻止逆向人流的出现，以保持疏散通道畅通。制止逃生中乱跑乱窜、大喊大叫的行为。因为这种行为不但会消耗人体大量体力，吸入更多的烟气，而且会妨碍别人的正常疏散和诱导混乱。尤其是当前呼后拥的混乱状态出现时，绝不能贸然加入，这是逃生过程中的大忌，也是扩大伤亡的缘由。

1994 年 11 月 27 日，阜新市艺苑歌舞厅发生火灾，火灾刚刚显露苗头时，老板的女儿喊叫“起火啦!”老板及其女儿从后门逃走。然而正跳得起劲的舞客们充耳不闻。舞厅有近 300 人，当他们真的感觉是火灾后，立即拥向小门逃生。一人跌倒还未及爬起，后面接踵而至的人便被接连绊倒，逃生者就人叠人地堵住了小门。混乱而无序的疏散完全葬送了人们逃生的机会，最后只有 30 人逃出，233 人死亡，20 人受伤。火灾后人们发现，死者呈扇形拥在门口处的尸体叠加了 9 层，约 1.5 m 高，场面惨不忍睹。

（2）应遵循的疏散顺序。就多层场所而言，疏散应以先着火层，后以上各层、再下层的顺序进行，以安全疏散到地面为主要目标。优先安排受火势威胁最严重及最危险区域内的人员疏散。此时若贻误时机，极易发生惨重的伤亡后果。建筑物火灾中，一般是着火楼层内的人员遭受烟火危害的程度最重，要忍受高温和浓烟的伤害。如疏散不及时，极易发生跳楼、中毒、昏迷、窒息等现象和症状。因此当疏散通道狭窄或单一时，应首先救助和疏散着火层的人员。着火层以上各层是烟火蔓延将很快波及的区域，也应作为疏散重点尽快疏散。相对来说，下面各层较为安全，不仅疏散路径短，而且火势殃及的速度也慢，能够容许留有一段安全疏散时间。分轻重缓急按楼层疏散，可大大减轻安全疏散通道的压力，避免人流密度过大、路线交叉等原因所导致的堵塞、踩踏等恶果，保持通道畅通。

疏散中先老、弱、病、残、孕，先旅客、顾客、观众，后员工，最后为救助人员疏散的顺序，这是单位负责人和消防队领导必须遵循的疏散原则。对于行动有困难的特殊人员，还应指派专人或青壮年人员协助撤离。负责疏导安全撤离的员工和消防队员，绝不可只顾自己逃生而抛下旅客、顾客、观众不管，这是渎职行为。

（3）发扬团结友爱、舍己救人的精神。火灾中善于保护自己顺利逃生是重要的，同时也要发扬团结友爱、舍己救人的精神，尽力救助更多的人撤离火灾危险境地。火灾疏散统计资料表明，孩子、老人、病人、残疾人和孕妇，在火灾伤亡者中占有相当大的比例，这主要是由于他们的体质和智能不足，思维出现差错和行动迟缓而造成的。如能及时给予协助，就能使他们得以逃生。

（4）疏散、控制火势和火场排烟，原则上应同时进行。组织力量利用楼内消火栓、防火门、防火卷帘等设施控制火势，启用通风和排烟系统降低烟雾浓度，阻止烟火侵入疏散通道，及时关闭各种防火分隔设施等，都可为安全疏散创造有利条件，使疏散行动进行得更为顺利、安全。

（5）疏散中原则上禁止使用普通电梯。普通电梯由于缝隙多，极易受到烟火的侵袭，而且电梯竖井又是烟火蔓延的主要通道，所以采用普通电梯作为疏散工具是极不安全和危险的。曾有中途停电、窜入烟火和成为火势蔓延通道的多起悲剧案例。因而发生火灾时，原则上应首先关闭普通电梯。

(6) 不要滞留在没有消防设施的场所。逃生困难时，可将防烟楼梯间、前室、阳台等作为临时避难场所。千万不可滞留于走廊、普通楼梯间等烟火极易波及又没有消防设施的部位。

(7) 逃生中注意自我保护。学会逃生中自我保护的基本方法，是保证自我逃生安全的重要组成部分。如在逃生中因中毒、撞伤等原因对身体造成伤害，不但贻误逃生行动，还会遗留后患甚至危及生命。

火场上烟气具有较高的温度，但安全通道的上方烟气浓度大于下部，贴近地面处浓度最低。所以疏散时穿过烟气弥漫区域时要以低姿行进为好，例如弯腰行走、蹲姿行走、爬姿等。但当你采用上述这些姿势逃离时动作速度不宜过猛过快，否则会增大烟气的吸入量，因视线不清发生碰壁、跌倒等事故。

(8) 注意观察安全疏散标志。在烟气弥漫能见度极差的环境中逃生疏散时，应低姿细心搜寻安全疏散指示标志和安全门的闪光标志，按其指引的方向稳妥进行，切忌只顾低头乱跑或盲目随从别人。

(9) 脱下着火衣服。如果身上衣服着火，应迅速将衣服脱下，或就地翻滚，将火压灭。如附近有浅水池、池塘等，可迅速跳入水中。如果身体已被烧伤时，应注意不要跳入污水中，以防感染。

二、火场逃生的自救方法

当火灾突然降临，一定要强制自己保持头脑冷静，根据周围环境和各种自然条件，选择恰当的自救方式。自救方式是否恰当，直接关系到人们的生死命运。有这样两个事例。

2004 年 6 月 9 日下午，北京京民大厦游泳馆在修建过程中发生火灾，共造成 11 人死亡、48 人受伤。其中在大厦四层的职工宿舍里发现了几名死者，他们由于惊慌和自救意识差，连屋门都没有关，使毒烟飘进房内导致人员死亡。与之相反，四层北侧的一间办公室里有 4 名女孩，她们知道屋门是防火门，便将房门关严，耐心等待救援，结果身体没有受到任何的损伤。

2010 年 11 月 5 日上午 9 时左右，吉林某商业大厦发生火灾，造成 19 人死亡，27 人受伤。在这起突发事故中，也出现临危不乱、互助逃生的事例。其中有一位叫张丽英的老人，看到有浓烟滚上来后，立刻组织大家逃生。她们推开教室门时，发现楼梯内已漆黑一片。于是她带领大家从另一个小门走到第 2 教室，发现第 2 教室有一扇窗户被打开了，她趴着窗户看到有一处缓台，由于所有教室的 80 多人此时都已经挤在这个窗户跟前，但窗户狭小，人们又都十分慌张，而且都是老年人，个个腿脚发软，哭喊一片。她立刻大喊："大家不要慌张，我们排好队，这样都能逃出去了。"于是，按照年龄排队，年纪大的人，站在前面，60 岁以下的老年人排在后面，这样大家找到主心骨，马上排起了长队，她组织大家从窗户跳到 1 m 多高的缓台。她是最后一个跳过去的，并拨打"119"报警电话。

火场逃生的自救方法主要有：

1. 熟悉所处环境

对于经常工作或居住的建筑物，我们可事先制订较为详细的逃生计划，并进行必要的逃生训练和演练。必要时可把确定的逃生出口（如门窗、阳台、室外楼梯、安全出口、楼梯间等）和路线绘制在图上，并贴在明显的位置上，以便大家平时熟悉和在发生火灾时按图上的逃生方法、路线和出口，有事时顺利逃出危险地区。

当人们走进商场或到影剧院、歌舞厅、娱乐厅等不熟悉的环境时，应留心看一看太平门、楼梯、安全出口的位置，以及灭火器、消火栓、报警器的位置，以便发生火灾时能及时逃出危险区或将初期火灾及时扑灭，并在被围困的情况下及时向外面报警求救。

2. 选择逃生方法

逃生的方法有多种。应该根据火场上的火势大小，被围困的人员所处位置和可供使用的救生器材不同，采取不同的逃生方法。在火场上发现或意识到自己可能被烟火围困，生命受到威胁时，要立即放下手中的工作，采取相应的逃生措施和方法，切不可延误逃生良机。

应根据火势情况，优先选择最简便、最安全的通道和疏散设施。如楼房着火时，首先选择安全疏散楼梯、室外疏散楼梯、普通楼梯间等。尤其是防烟楼梯间、室外疏散楼梯更安全可靠，在火灾逃生时，应充分利用。但火场上不得乘坐普通电梯。当您在房间里，要打开门、窗时，必须先摸摸门、窗是否发热。如果发热，就不能打开，应选择其他出口；如果不热，也只能小心慢慢地打开，并迅速撤出，然后将门立即关好。

当经常使用的通道被烟火封锁后，应该先向远离烟火的方向疏散，然后再向靠近出口和地面的方向疏散。向远离烟火的方向疏散时，应以水平疏散为主，尽量避免向楼上疏散。同时，一旦到达一个较为安全的地方后，绝不要停留在原地，应迅速采取措施，利用一切逃生手段，向靠近地面的方向逃生。

当一时想不出更好的疏散路线时，而他人的疏散路线又比较安全可靠，则可模仿他人的行为进行疏散。但千万不要盲目、消极地效仿。如果盲目地跟着别人跑，盲目地跟着别人跳楼，这样做会导致更加惨痛的悲剧。例如，宣城明珠大酒店 2001 年 5 月 17 日晚发生火灾，起火时，酒店 4 楼歌舞厅有 34 人，慌乱之中，有 16 人跳楼，3 人摔死，13 人严重摔伤。但有 2 人用窗帘结成绳索，从 3 楼客房窗户滑下，安全逃生。

如果门窗、通道、楼梯等已被烟火封锁但未倒塌，还有可能冲得出去时，则可向头部、身上浇些冷水或用湿毛巾等将头部包好，用湿棉被、毯子将身体裹好后冲出危险区。

当各通道全部被烟火封死时，应保持镇静，寻找可利用的逃生器材和办法进行自救。

如果被烟火困在 2 层楼内，在没有逃生器材或得不到救助的情况下，也可采取跳楼逃生的办法。但跳楼之前，应先向地面扔一些棉被、床垫等柔软物件，然后用手扒住窗台或阳台，身体下垂，自然落下，同时注意屈膝并双脚着地，这样做可缩短距离，保护身体免得受伤。

如果被困在 3 楼以上的楼层内，千万不要急于往下跳，可转移到其他较安全的地点，耐心等待救援。

3. 利用避难层逃生

在高层建筑和大型建筑物内，在经常使用的电梯、楼梯、公共厕所附近，以及袋形走廊末端都设有避难层和避难间。发生火灾时，可将短时间内无法疏散到地面的人员、行动不便的人员，以及在灭火期间不能中断工作的人员，如医护人员和广播、通信工作人员等，暂时疏散到避难间。其他被困人员在短时间内无法疏散到地面时，也可先疏散到避难层逃生。

4. 充分利用各种逃生器材和设施

利用缓降器逃生。缓降器由挂钩（或吊环）、吊带、绳索及速度控制器组成，是一种靠人的自身重量缓慢沉降的安全救生装置，可以用安装器具固定在建筑物的窗口、阳台、屋顶外檐等处。

利用救生袋逃生。救生袋是两端开口，供逃生者从高处进入其内部缓慢滑降的长条袋状物。被困人员入袋内，可依靠自重和不同姿势来控制降落速度，缓慢降落至地面脱险。

利用自救绳逃生。在紧急情况下，可利用粗绳索，或利用床单、窗帘、衣服等系在一起作为自救绳，将绳的一端固定好，另一端投到室外，而后沿自救绳滑到安全地带或地面。

利用自然条件逃生。被困人员在疏散时，在疏散设施无法使用、又无其他应急材料可作救生器材的情况下，则可充分利用建筑物本身及附近的自然条件，进行自救。如阳台、窗台、屋顶、落水管、避雷线，以及靠近建筑物的低层建筑屋顶或其他构筑物等。但要注意查看落水管、避雷线是否牢固，否则不能利用。

5. 暂时避难方法

在各种通道被切断，火势较大，一时又无人救援的情况下，对于没有避难间的建筑，被困人员应开辟临时避难场所与浓烟烈火搏斗。当被困在房间里时，应关紧迎火的门窗，打开背火的门窗，但不能打碎玻璃，要是窗外有烟进来时，还要关上窗户。如门窗缝隙或其他孔洞有烟进来时，应该用湿毛巾、湿床单等物品堵住或挂上湿棉被等物品，并不断向物品上和门窗上洒水，最后向地面洒水，淋湿房间的一切可燃物，以延缓火势向室内蔓延，运用一切手段和措施与火搏斗，直到消防队到来，救助脱险。

开辟避难间时，要选择在有水源和能同外界联系的房间，目的是有水源可以降温、灭火、消烟，以利避难人员生存，同时又能与外面联系以获得救助。有电话要及时报警，无电话时可向窗外伸出彩色鲜艳的衣物或抛出小物件发出求救信号，或用其他明显标志向外报警，夜间可以开灯或用手电筒向外报警。

6. 互救和救助

互救是在火灾中使他人免于受害的疏散行为。引起互救行为的原因各不相同，如同情、救难、助人等，但其共同之处都是为了使别人获得方便和利益，而把个人生死置之度外的表现。这是人类社会高尚的美德，是值得大力赞美和弘扬的。

自发性互救。自发性互救是指在火灾现场单独的个人或几个人，在无组织的情况下，采用特殊手段帮助他人的疏散行为。如告知起火。首先发现起火的受灾者，在报警的同时高喊“着火了！”或敲门向左邻右舍报警；指示安全疏散走道和安全出口等。

帮助疏散。在火情紧急时，年轻力壮的受灾者要帮助年老体弱者首先逃离火灾现场。具体方法是：对于神志清醒者，可指定通路，让他们自行疏散；对于在烟雾中迷失方向者、年老体弱者，应该引导他们疏散；对病人、不能行走的儿童以及失去知觉的人，可运用背、抱、抬、扛等救人方法，把他们疏送到安全地点。

7. **采取防烟措施**

利用防毒面具防烟、防毒。大型豪华的宾馆饭店有的备有过滤式防毒面具，它能过滤掉烟雾中的烟粒子和CO等毒气。若确认已发生火灾，应迅速戴上防毒面具。其方法是：将面罩下方先套住下颚，然后将头带拉紧，使面罩紧贴面部以防漏气。

利用毛巾、衣服、软席垫布等织物叠成多层捂住口和鼻，以防烟、防毒。将毛巾等织物润湿，则除烟效果更好。实践证明将干毛巾叠成16层，就能使透过毛巾的烟雾浓度减少到10%以下，即烟雾的消除率达到90%以上。但考虑实用，一条毛巾以叠成8层为宜，其烟雾消除率可达60%。若利用其他织物，应视其薄厚、疏密来确定折叠的层数，一般层数越多，除烟效果越好。

使用毛巾和其他织物捂住口鼻时，一定要使滤烟的面积尽量增大，确实将口鼻捂严。在穿过烟雾区时，即使感到呼吸阻力大（呼吸困难），也绝不能把毛巾从口鼻上移开。因为一旦移开，毒气达到一定的浓度时，吸上几口就会立即中毒。

在火灾的初期阶段，靠近地面的烟气和毒气比较稀薄，能见度相对比较高。受灾者在逃生时，应采取低姿行走、探步前进的方法，若烟雾太浓，判断准确方向后，应沿地面爬行，逃离现场。

三、人员烧伤的急救知识

1. 人身上着火时的紧急处置

（1）当身上套着几件衣服时，火一下是烧不到皮肤的。

应将着火的外衣迅速脱下来。有纽扣的衣服可用双手抓住左右衣襟猛力撕扯将衣服脱下，不能像平时那样一个一个地解纽扣，因为时间来不及。如果穿的是拉链衫，则要迅速拉开拉锁将衣服脱下。

（2）身上如果穿的是单衣，应迅速趴在地上；背后衣服着火时，应躺在地上；衣服前后都着火时，则应在地上来回滚动，利用身体隔绝空气，覆盖火焰，窒息灭火。但在地上滚动的速度不能太快，否则火不容易被压灭。

（3）在家里，使用被褥、毯子或麻袋等物灭火，效果既好又及时，只要打开后遮盖在身上，然后迅速趴在地上，火焰便会立刻熄灭；如果旁边正好有水，也可用水浇灭。

（4）在野外，如果附近有河流、池塘，可迅速跳入浅水中；但若人体已被烧伤，而且创面皮肤已被火烧破时，则不宜跳入水中，更不能使用灭火器直接往人体上喷射，因为这样做很容易使烧伤的创面感染细菌。

2. 火灾现场的急救知识

火灾是日常生活中最常见的一种灾害，常由高温、沸水、烟雾、电流等造成烧伤。更严重的是使人的皮肤、躯体、内脏等造成复合伤，甚至可致残或死亡。

（1）烧伤深度的区分

我国多采用三度四分法区分烧伤深度。

Ⅰ度，称红斑烧伤。只伤表皮，表现为轻度浮肿，热痛，感染过敏，表皮干燥，无水疱，约需 3～7 天后痊愈，不留瘢痕。

浅Ⅱ度，称水疱性烧伤。可达真皮，表现为剧痛，感觉过敏，有水疱，创面发红，潮湿、水肿，约需 8～14 天后痊愈，有色素沉着。

深Ⅱ度，真皮深层受累。表现为痛觉迟钝，可有水疱，创面苍白潮湿，有红色斑点，约需20～30天或更长时间后才能治愈。

Ⅲ度，烧伤可深达骨。表现为痛觉消失，皮肤失去弹性，干燥，无水疱，似皮革，创面焦黄或炭化。

烧伤面积越大，深度越深，危害性越大。头、面部烧伤易出现失明，水肿严重；颈部烧伤严重者易压迫气道，出现呼吸困难、窒息；手及关节烧伤易出现畸形，影响工作、生活；会阴烧伤易出现大小便困难，引起感染；老、幼、弱者治疗困难，愈合慢。

（2）火灾烧伤的急救原则

火灾烧伤的急救原则是：一脱，二观，三防，四转。

一脱：急救头等重要的问题是使伤员脱离火场，灭火应分秒必争。

二观：观察伤员的呼吸、脉搏、意识如何，目的是分出轻重缓急进行急救。

三防：防止创面不再受到污染，包括清除眼、口、鼻的异物。

四转：把重伤者迅速安全地送往医院进行急救。

（3）火灾烧伤的现场急救方法

火灾烧伤的现场急救方法主要有：

①清理创面。先口服镇痛药杜冷丁50～100 mg/次，最好用生理盐水稀释1倍从静脉缓慢推入。立即止痛后，用温清水或肥皂水清除泥土、毛发等污物，再用蘸75%酒精（或白酒）的棉球轻轻清洗创面，不要把水疱挤破。然后用无菌纱布或毛巾、被单敷盖，再用绷带或布带轻轻包扎。也可采用暴露法，但要用无菌或干净的大块纱布、被罩盖

上，保护创面，防止感染。

②轻度烧伤者可饮 1 000 mL 水，水中加 3 g 盐、50 g 白糖，有条件可再加入碳酸氢钠 1.5 g。严重者按体重进行静脉输液。

③要清除呼吸道污物，呼吸困难者要进行人工呼吸，心跳失常者进行胸外按压，同时拨打“120”急救电话。

注意事项：

①在使用交通工具运送火灾伤员时，应密切注意伤员伤情，要进行途中医疗监测和不间断地治疗。注意伤员脉搏、呼吸和血压的变化，对重伤员需要补液治疗，路途较长时需要留置导尿管。

②冷却受伤部位，用冷自来水冲洗伤肢，冷却伤处。

③不要刺破水疱，伤处不要涂抹药膏，不要粘贴受伤皮肤。

④头面部烧伤时，应首先注意眼睛，尤其是角膜有无损伤，并优先予以冲洗。

☆事故案例

事故案例一：危险化学品存放在冰箱内造成的火灾事故

1. 事故经过

嘉兴市某冰箱生产厂是一家集体所有制企业，位于该市郊区新建开发区，厂房为四层三级建筑结构，主要生产生活用电冰箱。1994 年 8 月 3 日 23 时 30 分，该厂二楼生产车间突然起火，由于风大燃烧快，火势迅速向三楼、四楼蔓延。因起火时是夜间，未能及时发现，直至 4 日零时 02 分，市消防支队才接到群众报警，经过 3 小时 17 分的扑救，大火被扑灭。这起火灾烧毁厂房 3 100 m^2，冰箱 708 台，烧毁环境试验室、消音室等一整套冰箱测试设备和办公设施，直接经济损失 188.5 万元。

2. 事故原因分析

火灾事故发生后，经现场勘察，确认造成火灾事故的直接原因是该厂职工将危险化学品存放在冰箱内，危险化学品挥发遇冰箱温控器启动跳火引起爆炸燃烧。造成火灾事故的间接原因：一是该厂职工缺乏危险化学品的保管知识和消防知识。二是该厂值班巡逻制度、防火安全制度制订而不落实，缺乏有效措施进行管理，形同虚设。

3. 事故教训与防范措施

（1）加强对职工的安全教育。用普通电冰箱存放危险化学品，这说明保管人员明显缺乏有关危险化学品的保管知识。电冰箱内虽无火源，但是有电源，由于电冰箱内开关跳动频繁，双金属片时断时通，在电源接通或断开时，控制元件的触点上经常会迸发出电火花。电火花遇上易燃液体蒸汽便会发生爆炸。

（2）由于一般需要低温保存的危险物品，如乙醚、石油醚（石油精）等，都是挥发性强、极易燃烧爆炸的物质，所以在没有防爆装置的普通电冰箱内应严禁存放易燃易爆等危险物品。应对职工进行安全技术知识教育，并组织职工进行安全检查，同时应制订专项规定，严格禁止在普通冰箱内存放危险化学品，防止此类事故的重复发生。

事故案例二：海绵厂安全管理混乱造成的火灾事故

1. 事故经过

1993 年 11 月 25 日凌晨 1 时 30 分左右，湖州市某海绵厂发生火灾，火灾初起时，由于该厂夜间无人值班，又地处偏僻，未能及时发现火灾并及时报警，直至酿成大火，无法扑救，造成重大损失。这起火灾还烧毁了与之相邻的五交化公司租用的566 m^2仓库一座，仓库中存放的233台空调、145台录像机、2 921台收录机、523台电视机、280台冰箱、4 080台电风扇等被烧毁，另外还烧毁了简易厂房120 m^2，防汛皮管338条。直接经济损失近400万元。

2. 事故原因分析

造成这起火灾事故的直接原因：该厂刚生产的海绵散热不良，自燃所致。

造成事故的间接原因：一是某单位将库房租给五交化公司和在库房一侧开办海绵厂，均没有到消防部门办理审批手续，成了消防监督管理上的“死角”。二是海绵生产需要使用大量的甲苯等易燃易爆危险物品，但该厂没有安全操作规程和安全管理制度，职工缺乏消防知识，安全意识淡薄，仅凭着经验进行配方配料。三是无人值班看管，而一墙之隔的五交化公司仓库，库内物资价值数百万元，也长期无人值班，致使火灾发生后没有及时发现和扑救，延误了报警时间，致使火灾损失扩大。四是海绵厂厂房简易，五交化仓库库房结构易燃耐火等级低，在海绵厂与仓库之间无防火间距，导致火灾后迅速蔓延，酿成大火。

3. 事故教训与防范措施

（1）对管理人员和职工进行安全教育、防火知识的教育。海绵在生产过程中以及生产后，容易引发自燃起火，这属于生产常识，而且类似的事故也曾经发生过。该厂既没有相应的规章制度，又不设置夜间值班人员，事故的发生可以说难以避免，具有其必然性。因此，应加强人员安全教育，提高思想认识，杜绝类似事故的再次发生。

（2）企业应按照有关法律法规的规定，建立防火安全责任制度、防火安全管理制度、防火检查制度、教育制度、值班制度等，保障企业自身的安全和社会安全。

事故案例三：商业大厦电焊作业监护失控造成的火灾事故

1. 事故经过

某市商业大厦位于全市的中心地带，人来人往，热闹非凡。该商业大厦分为四层，有200多个摊位，为了防止丢失东西，商厦保卫部为每个摊位都安装了防盗卷帘门。2001年2月2日，一摊位报告说自己的卷帘门坏了，需要修理。保卫部立刻约请个体工商户刘某，为这家摊位修理安装防盗卷帘门。2月2日上午7时许，保卫科副科长陈某到现场监督修理，陈某到场后未审查该工程有关手续及施工人员的施工资质。7时45分左右，两名焊工开始作业。7时50分左右，当对铁板及立柱进行焊接时，因铁板焊点处温度过高，使铁板上堆放的毛巾、纸张等易燃物品起火进而引发火灾。在场人员采取了许多办法积极灭火，但是也无法控制火势，火势越来越大，致使商厦大部分被烧毁，过火面积达到4 122 m^2，烧毁摊位173个，直接经济损失80多万元。

2. 事故原因分析

造成这起火灾事故的直接原因：在焊接作业时，因铁板焊点处温度过高，使铁板上堆放的毛巾、纸张等易燃物品起火进而引发火灾。

造成事故的间接原因：一是管理处保卫科副科长陈某

失职，在作业现场未按规定审查该工程有关手续及施工人员的施工资质，同时安全防范措施准备不足，既未能防范火灾的发生，又未能及时扑灭初期火灾。二是该商业大厦管理人员思想麻痹，安全管理上存在漏洞。

3. 事故教训与防范措施

这起火灾事故发生后，对有关责任人员进行了处罚，其中，两名焊工因焊接作业过程中违反规章制度，造成重大事故，后果严重，其行为已构成重大责任事故罪，分别被判处有期徒刑 1 年零 6 个月和 8 个月。

预防火灾或爆炸事故，最重要的是防止可燃物质着火，这是基本的防火措施，因此，事前要十分熟悉引起物质着火的引火源有哪些，必须结合具体场所制订和执行对引火源的适当管理办法。特别是商业、服务业、娱乐业等，尤其需要注意预防明火造成的火灾。

在这起火灾事故中，商业大厦的安全管理人员缺乏相应的知识和防范经验。在电焊时产生的熔渣，温度要超过 2 000℃，在焊割作业现场若有可燃物位于焊割部位的周围，可燃物便有被点燃的危险。熔渣接触可燃物时的温度取决于熔渣的大小（即热容量的大小）、飞散或落下的距离等。熔渣水平飞散距离一般在 0.5 m 之内，最远可在 1 m 左右。若焊接作业在高处进行时，熔渣会飞散得很远。在实际作业中，因熔渣点燃可燃物而造成的火灾是很多的，因此在焊割焊接作业中，应注意将附近的可燃物移走，或采取用不燃物覆盖可燃物等措施。

讨论题：

1. 大致可以将火灾原因分为哪几类？

2. 火灾的季节变化规律是什么？

3. 火灾的昼夜变化规律是什么？

4. 火灾时烟气的危害主要表现在哪几个方面？

5. 防止烟气危害的措施有哪些？

6. 安全疏散有哪些注意事项？

7. 逃生中如何进行自我保护？

8. 火灾时如何选择逃生方法？

9. 身上着火时如何进行紧急处置？

10. 火灾烧伤的急救原则是什么？